航天推进剂技术

长贮推进剂贮箱腐蚀的热波检测与剩余寿命预测

Corrosion Detection and Residual Life Prediction by Thermal Wave Method for Rocket Tank Filled with Liquid Propellant of Long-term

金国锋　杨正伟　田　干　著

化学工业出版社
·北京·

内容简介

《长贮推进剂贮箱腐蚀的热波检测与剩余寿命预测》围绕长贮液体推进剂贮箱的腐蚀问题展开，重点介绍贮箱材料腐蚀的产生及其演化规律、贮箱腐蚀损伤的热波检测理论基础及应用可行性分析、贮箱腐蚀损伤的热波检测定量识别方法与试验技术，以及基于热波检测的贮箱腐蚀剩余寿命预测。本书力求理论联系实际，提供较丰富的相关理论及实验实例表述，对相关领域教学和科研人员具有较好的指导意义。

本书可供高等学校和科研院所材料、航空航天、兵器、机械工程以及其他相关学科的师生和研究人员阅读参考。

图书在版编目（CIP）数据

长贮推进剂贮箱腐蚀的热波检测与剩余寿命预测 / 金国锋，杨正伟，田干著. -- 北京 ：化学工业出版社，2025. 11. --（航天推进剂技术）. --ISBN 978-7-122-49175-6

Ⅰ. V421.3

中国国家版本馆 CIP 数据核字第 20250LT316 号

责任编辑：丁建华　　文字编辑：王晓露
责任校对：李露洁　　装帧设计：刘丽华

出版发行：化学工业出版社
（北京市东城区青年湖南街 13 号　邮政编码 100011）
印　　装：北京科印技术咨询服务有限公司数码印刷分部
710mm×1000mm　1/16　印张 10¼　字数 212 千字
2026 年 1 月北京第 1 版第 1 次印刷

购书咨询：010-64518888　　售后服务：010-64518899
网　　址：http://www.cip.com.cn
凡购买本书，如有缺损质量问题，本社销售中心负责调换。

定　　价：98.00 元　

前言

导弹武器打击精度和毁伤效能的高度发展，对战略防御性导弹阵地在敌方打击下的生存和反击能力提出了更高的要求。为了缩短液体导弹的发射准备周期，提高导弹的生存能力，将推进剂加注并长期贮存于贮箱已成为国内外液体导弹发展的必然趋势。在长期贮存推进剂条件下，贮箱腐蚀是影响液体导弹贮存期和寿命的关键因素。为了实现导弹剩余寿命的预测，我们深入研究了推进剂条件下贮箱的腐蚀及其动态演化规律，将红外热波无损检测（本书简称热波检测）技术引入贮箱腐蚀的检测中，在深入研究腐蚀的热波定量识别方法的基础上，提出了基于腐蚀规律与腐蚀损伤检测结果的贮箱腐蚀剩余寿命预测方法，设计了寿命预测软件系统。

本书共6章，分为4个部分，第1部分是绪论；第2部分是长贮推进剂贮箱材料腐蚀的产生及其演化规律；第3部分是贮箱腐蚀的热波检测与识别；第4部分是基于热波检测的贮箱腐蚀剩余寿命预测。第1章绪论，概述了长期贮存推进剂条件下贮箱的结构性问题、热波技术的发展及应用情况，以及本书所提出的问题及研究思路。第2章贮箱材料腐蚀的产生及其演化规律，从试验方面研究了贮箱材料与推进剂长期接触的腐蚀情况及其演化规律，并提出了贮箱腐蚀的评价指标。第3章将红外热波无损检测方法引入液体推进剂贮箱的腐蚀检测领域，重点介绍贮箱腐蚀损伤的热波检测基础理论，以及采用数值仿真方法对不同损伤形态腐蚀的检测可行性分析和热波检测参数的优化。第4章贮箱腐蚀损伤的热波检测定量识别方法，重点围绕红外热图像的非均匀校正、图像增强和腐蚀损伤大小的定量识别方法等技术成果展开论述。第5章是热波检测试验结果及分析，以及对研究成果的验证。第6章在前期研究成果的基础上，讨论提出了基于热波检测结果的贮箱腐蚀剩余寿命预测方法，开发了液体推进剂贮箱腐蚀剩余寿命预测软件系统，介绍了应用实例。

本书是课题组多年来在长贮推进剂导弹结构腐蚀安全性方向研究工作成果的集成和总结，重点关注装备寿命预测热点问题，构建了一套架构多领域研究成果于一体的装备寿命预测理论方法，并结合本选题的腐蚀试验成果、热波检测成果，给出了完整的应用范例，内容涉及材料学、机械工程、无损检测、图像处理（信号处理）等专业方向，应用领域广，适合交叉学科参考，对于从事相关专业领域学习、研究的人员能起到较好的启发和引导作用。

全书由金国锋统稿，杨正伟、日干分别完成了热波检测理论分析及图像处理部分和推进剂腐蚀试验部分的撰写。本书得到了张炜教授、张金玉、黄智勇教授的技术指导，宋远佳、王冬冬、陶圣杰、罗文源、张勇、李铎锋等完成了一部分试验及数据分析工作，部分内容得到了国家自然科学基金（面上项目： 51075390， 51275518）

和陕西省自然科学青年基金（2012JQ8018）的资助，在此一并表示诚挚的感谢！

腐蚀和热波无损检测、寿命预测是一个复杂的交叉学科问题，将由更为广泛的课题深入研究并解决。鉴于作者水平有限，书中不足之处在所难免，恳请各位专家和读者斧正。

金国锋

2025 年 6 月

目录

1

绪论

1.1 研究背景与意义

液体导弹是我国最早研制、生产、服役的战略导弹武器，至今已有五十多年历程，由于其发动机推力大、可控性好、技术成熟、导弹发射可靠性高等优势，是我国战略核威慑的基石。但液体导弹在发射前需要进行弹体检测和推进剂加注，发射准备时间较长，随着导弹武器打击精度和毁伤效能的提高，这些特点给导弹的生存和发射带来了威胁，尤其是在战争模式向快速、机动和随机性方向深入发展的局势下，导弹阵地在遭受敌方打击的情况下是否还能生存并具有反击能力的问题更为突出。为了适应战争模式的发展，缩短发射准备周期，提高液体导弹的生存能力和部队的快速反应能力，二十世纪六七十年代，美国和苏联等国家就提出了液体导弹预包装推进剂的概念，即在导弹出厂前把推进剂充填并封装于贮箱内，并随后在一些导弹中进行了应用[1]，长期加注推进剂条件下贮存的模式已成为液体导弹发展的必然趋势。

加注推进剂后，参与导弹总体受力的贮箱不仅要承受贮箱内增压气体、推进剂及导弹自重的多重作用，还要受到推进剂和外界环境的腐蚀作用，其安全性和可靠性将面临诸多新问题的考验，给武器装备寿命预测带来了多重困难。

① 长期承载状态下贮存，液体推进剂贮箱的破坏形式增多。贮箱不仅是盛装液体推进剂的容器，而且是导弹弹体完整外形的重要组成部分，参与导弹总体受力[2]，尤其是一级推进剂贮箱，处于弹体下部，作为一种薄壳结构承受巨大的导弹自重、推进剂重力和贮箱增压，使得生产、加工、组装等过程中产生的一些初始缺陷，将在这些载荷的长期共同作用下逐渐发展、变化、扩大，造成贮箱强度衰减、变形、穿孔、失稳等。

② 传统的材料相容性标准不能满足长期加注推进剂的贮存安全要求，腐蚀问题不容忽视。一般液体导弹所使用的氧化剂具有强氧化性，对金属和非金属材

料具有很强的腐蚀作用，燃烧剂则常用肼类物质，它们属于有机碱溶剂，对金属材料也有腐蚀作用[3]。因此，在选择贮箱材料时，虽然采用了与推进剂相容性较好的材料，但腐蚀仍然是一个不容忽视的问题。如美国 Titan Ⅱ导弹的贮箱采用了与 N_2O_4 一级相容的 2014-T6 铝合金材料制造，但在发射场，推进剂泄漏问题仍给武器发射带来了不少麻烦[4]。

③ 加注推进剂后，贮箱腐蚀等内部损伤的检测难度增加。通常采用的表面损伤检测方法，如电涡流法、渗透法、荧光法、磁粉法、内窥镜等方法需要人员或设备进入罐体进行检测，不能使用；而声发射、超声波、X 射线等方法也受使用条件的限制而不能充分发挥其优势。

④ 导弹寿命的评定和预测困难。到目前为止，导弹寿命的评定和预测研究均是在没有加注推进剂的条件下开展的，加注推进剂后贮存的液体导弹，其寿命评定和预测将更加困难。

液体导弹加注推进剂长期贮存过程中，贮箱将承受多种复杂破坏因素的相互作用，其中贮箱腐蚀是弹体结构失稳破坏、垮塌和推进剂泄漏等多种事故的根源之一，不仅会造成严重的人力和财力损失，导弹结构上的缺陷有可能造成遂行任务失败。因此，在加注推进剂条件下，开展贮箱的腐蚀及快速高效的无损检测方法研究，掌握贮箱腐蚀的发展规律，以预测贮箱的质量变化和使用寿命，在导弹装备的日常管理中显得尤为重要。

因此，本书围绕长期加注推进剂条件下贮箱的腐蚀及其剩余寿命预测问题，研究长期加注推进剂条件下贮箱的腐蚀及其动态演化规律，将新兴的红外热波技术引入液体推进剂贮箱的腐蚀检测，并在此基础上，研究如何有机结合腐蚀动力学规律与腐蚀损伤的检测结果，建立液体推进剂贮箱腐蚀剩余寿命的预测方法，以掌握贮箱的质量状态变化，确保导弹贮存安全。

1.2 长贮推进剂贮箱腐蚀相关的研究现状

1.2.1 推进剂对材料的腐蚀

推进剂对材料腐蚀方面的研究，早期是通过开展推进剂与材料的相容性贮存试验进行的，研究结果用于确定发动机、贮箱及地面附属设备的选材，并以此确定推进剂的贮存方式和贮存期限。由于肼类燃料在长期贮存中的主要失效模式是推进剂分解[4]，在研究推进剂的腐蚀问题时，对氧化剂四氧化二氮（N_2O_4）的研究较多。

由于 N_2O_4 的蒸气压大、沸点低（21.13℃）、极易挥发，并具有强烈的刺激性、毒性和腐蚀性，给材料的腐蚀研究工作带来了困难。而液体火箭推进剂加注系统的试验表明，在一定的环境条件下，推进剂的泄漏将产生棘手的问题。因此，在 20 世纪 50 年代，美国就开始了材料在推进剂中的相容性研究[5]。有研究者[6] 完成了不锈钢、碳钢、铝、钛、焊接铝以及一些塑料及特种橡胶等材料在 N_2O_4 中的腐蚀性研究。之后，鉴于航空航天安全的需要，美国空军研究实验室（AFRL）又进行了长达 10 年的材料“真实时间暴露”浸泡试验[7,8]，确定了具有 10 年使用期的材料在推进剂中的相容性等级。试验中 N_2O_4 与材料接触时都很稳定，没有发现分解的迹象，但材料在贮存中发生了腐蚀。从试验的现象上可看出材料在 N_2O_4 中的耐蚀性：N_2O_4 对铝合金和不锈钢的腐蚀作用都很小，腐蚀形成的氧化层易剥落、溶解于推进剂中；对钛合金有少量腐蚀，但腐蚀产物牢牢附在金属基体上，在推进剂中不溶解；对镍的腐蚀较严重，其氧化物易剥落溶解。

在上述研究的同时，AFRL 还开展了推进剂系统和贮箱在极端的相对湿度和温度条件下的可贮存性研究[4,9-11]，评估了多种系统组成和贮箱材料在氧化剂和燃烧剂条件下的长期贮存性能。研究结果表明，N_2O_4 或其他介质中含有氯，会引起材料的点腐蚀；在长期贮存中，推进剂发生泄漏的位置通常处于焊接不良、装配质量控制不严格以及难以实施检测的部位，泄漏发生的原因通常是环境湿度大以及贮箱材料在推进剂中某些微量杂质存在时的应力腐蚀开裂。如果相对湿度是 30%或更低，泄漏的蒸气将在空气中扩散，达到一定浓度后不会加剧泄漏。但是，如果环境的相对湿度远远大于 30%，残留及排出来的气体将不会在空气中扩散，而是与空气中的水蒸气进行水解，加速对箱体的腐蚀并加剧推进剂的泄漏。

上述研究均采用完全模拟实际条件的真实环境模拟法，所得数据真实可靠，但试验的周期长、成本高。为了缩短试验周期，1977 年，AFRL 采用电化学方法研究了材料在推进剂中的相容性[12]，通过向 N_2O_4 中加入一定量的水形成高浓度的 HNO_3，研究了 HNO_3-N_2O_4 体系中的电化学现象。试验结果表明，随着水分含量增加，体系的内阻减小，腐蚀加剧。由于体系具有强烈的化学活性和表面张力，水分体积含量 1%～2%，会生成一小部分高浓度的硝酸，在实际贮存中，尽管整体的水浓度可能相当低，但这种在高浓度酸状态下的腐蚀也必须被考虑。

苏联在这方面的研究比美国晚，但发展速度快，从 20 世纪 70 年代开始到 20 世纪末，取得了一系列的研究成果[6]。我国从 20 世纪 60 年代开始，针对应用中的一些实际问题，也进行了推进剂对材料的腐蚀研究。

北京航天材料及工艺研究所针对液体推进剂贮箱材料的选型展开了大量的研究工作[3]。1964 年，石勤敏等完成了红烟硝酸 AK-20 对铝镁合金 LF3 和 LF6 的腐蚀性研究，之后，又完成了 LF6 在红烟硝酸 AK-27K 中的耐蚀性研究，结果表明 LF3 和 LF6 这两种铝合金在大气和特殊工作介质如 AK-20、AK-27 中，无论是金属基体还是焊缝都具有优良的耐腐蚀性。随着航天技术发展对材料性能要求的提高，我国先后研制成功了 LD10 和 S147 铝合金，并将其应用到了大型运载火箭和导弹的贮箱上。1979 年，肖淑杰等对铝合金贮箱材料 S147 和 LD10 在 N_2O_4 及海水中的长期贮存性能进行了研究，并于 1980 年完成了 919 和 S147、LD10 三种铝合金材料小贮箱的贮存试验总结报告，结果表明 LD10 合金具有晶间腐蚀和应力腐蚀倾向，特别是在焊缝或有焊接缺陷的位置，在焊接、装配等残余应力和某些特定环境条件（如海洋大气环境）的共同作用下，可能产生应力腐蚀裂纹。同年，部嘉谦等完成了 S147 作为导弹箱体材料抵抗大气腐蚀性能的研究，李佩英等完成了贮箱材料 S147 和 LD10 对红烟硝酸 AK-40 和偏二甲肼介质的耐腐蚀性能试验，这些研究结果表明 S147 和 LD10 在大气环境、AK-40S 及 N_2O_4 中都具有良好的耐腐蚀性能。

伴随着导弹结构材料选型而进行的腐蚀研究，北京航天材料及工艺研究所还进行了大量的材料力学性能试验，包括材料的板材、氩弧焊、熔焊、接触焊接头性能以及材料的热处理工艺研究，确保了材料的各种性能满足大型运载火箭及导弹推进剂贮箱的应用要求。在这些研究之后，LD10 材料逐渐取代 LF3 和 LF6，在航天工业及液体导弹上得到了广泛应用，由于推进剂贮箱材料已经确定，关于材料在液体推进剂中腐蚀方面的研究开始减少。

李忠林[13] 等研究了 N_2O_4 与卫星贮箱用 TC4 钛合金和 304L 不锈钢材料的长期相容性，杨树祯[14]采用电化学方法研究了不锈钢在 AK-20L 中的腐蚀行为。1993 年，李忠林等[6]总结了材料在 N_2O_4 中腐蚀的研究方法、试验结果、影响因素及腐蚀机理，并指出影响 N_2O_4 腐蚀的因素主要有水分、NO、氯、温度和接触时间，N_2O_4 中水分含量越大、温度越高、接触时间越长，腐蚀速率越大，氯的存在会引起材料产生点腐蚀。

20 世纪 80 年代末，随着导弹贮存期的延长，人们注意到推进剂在长贮过程中的质量变化问题。西安航天动力试验技术研究所的王进鸣等[15] 设计了推进剂贮箱腐蚀试验，试验历时 5 年（后延续到了 10 年），以 N_2O_4 的纯度、相当水含量和机械杂质含量为指标，得到了“四氧化二氮可贮存期大于五年”的结论，试验结果表明 N_2O_4 与 1Gr18Ni9Ti 不锈钢和 LF3 防锈铝具有较好的相容性。

上述研究建立了长期贮存过程中材料与推进剂的相容性体系，为导弹弹体结构选材提供了重要参考。但综合分析发现：上述研究侧重于比较两种或多种材料的耐蚀性能、力学性能，考察一定腐蚀年限后材料能否满足使用要求，或分析一定年限后推进剂能否满足使用要求等，没有对某种材料进行与时间序列相关的腐蚀试验研究，研究结果不能支持贮箱的剩余寿命预测。因此，开展与时间序列相关的腐蚀研究，建立腐蚀预测模型，并在此基础上进行液体推进剂贮箱剩余寿命的预测，成为液体推进剂对材料腐蚀的重要研究内容。

1.2.2 液体导弹武器寿命预测及延寿研究

自导弹武器发展至今，武器装备的寿命预测及延寿研究从未间断过。通常，国内外在进行与装备寿命相关的研究时，均是从影响装备寿命的薄弱环节开始的。延寿研究的目的是确定导弹的薄弱环节，以有效预测导弹的剩余使用寿命，并在此基础上制定延寿策略和措施。

在贮存延寿方面，美国做了大量的研究工作。美国的导弹贮存试验是以自然贮存为主，以加速老化试验为辅。在获取薄弱环节时，大体上采用了三种方法[16]：对在役导弹多年的测试数据进行统计分析，总结失效规律；随机抽取老龄导弹分解，检查后重新安装，通过发射试车确定性能变化；借鉴国内外同类产品或零部件的使用经验和故障。由于导弹加速老化试验具有试验周期短、可提前暴露薄弱环节等优点，该方法在美国的导弹寿命预测及延寿等研究中也发挥了重要作用，并且取得了非常好的效益[17]。

俄罗斯的导弹贮存试验也是以自然贮存为主，以加速老化试验为辅[17]，但俄罗斯专家认为，自然贮存试验得出的结论较晚，不利于武器装备的设计改进，并且不能满足俄罗斯多样性气候条件的需求，因此，实际中多采用加速贮存老化试验。

我国在武器装备寿命预测和延寿的研究上起步较晚，到 20 世纪 80 年代才真正开始[16]，在研究方法上，也分别采用了自然贮存、加速老化试验以及二者相结合的研究方法。在自然贮存的基础上开展的贮存延寿，其研究方法是随机抽取老龄导弹进行分解，然后测试导弹上各个元器件、零部组件的性能是否满足设计要求。对于推进剂贮箱部分，是通过测试缩比贮箱的强度变化完成的；对于导弹动力系统的其他薄弱环节如涡轮泵密封结构、紧固件和弹簧件等，则是采用结构可靠性分析方法研究其贮存可靠寿命完成的，研究结果为液体导弹剩余寿命预测提供了理论和数据支撑。

在加速老化剩余寿命预测方面，国内的研究还处于原材料、元器件级。如 20 世纪末某项导弹发动机延寿研究中，对发动机螺栓紧固件进行的加速应力松弛试验研究[16]；2004 年，杨万均等[18]对某导弹用乙丙橡胶热贮存性能的研究，都没有进入全弹寿命加速试验阶段。2010 年，中国人民解放军海军航空工程学院的陈海建等[19]通过分析导弹的服役环境确定了环境应力，设计了相应的加速寿命试验，提出了基于加速寿命试验预估导弹寿命的技术途径，为进行全弹加速寿命试验提供了思路。在全弹加速老化剩余寿命研究方面，还有很多的研究工作要做。

在导弹结构剩余寿命预测方面，主要是通过研究结构的可靠性来实现的。西北工业大学航天学院的刘国庆等[20]用三点弯曲多试样方法试验研究了液体推进剂贮箱使用的 LD10 铝合金及其焊接件的断裂韧性和疲劳性能，获得了 LD10 材料母材、焊缝和热影响区的断裂韧性 J_{1C} 以及疲劳裂纹扩展速率 da/dN 的规律，基于裂纹缺陷安全评定的概率可靠度模型，计算了贮箱结构的疲劳寿命；中国人民解放军海军研究院的吴进煌等[21]提出了基于可靠度预估模型的导弹贮存寿命分析方法，在充分验证贮存可靠度模型的前提下，可对进入正常贮存周期前的未知状态贮存时间进行预测。之后，中国人民解放军第二炮兵工程学院的李筱玲[22]和胡宽等[23]以贮箱上的裂纹为影响贮箱剩余使用寿命的危险因素，利用疲劳裂纹扩展数据，分别采用基于疲劳裂纹扩展可靠性模型和断裂力学的安全评定方法，基于 J 积分失效准则和应力强度干涉模型的贮存容器概率安全评定方法，计算了 LD10 贮存容器的可靠性与剩余寿命。2011 年，中国人民解放军海军航空工程学院的徐廷学等[24]针对单一预估方法在解决实际问题中的局限性，提出了预估导弹贮存寿命的 GM（灰色预测模型)-BPNN（神经网络模型）组合模型，对导弹的贮存可靠度进行了预测，在满足贮存可靠度指标要求的条件下，可预估导弹的贮存寿命。

虽然基于上述的试验规律和寿命评估研究，可实现对导弹剩余寿命的预测。但由于其出发点是导弹弹体与推进剂分开贮存，没有考虑推进剂对弹体材料、元器件、零部件等性能的影响，对于长期加注推进剂条件下液体导弹的剩余寿命预测，上述研究成果的应用还有一定限制。因此，研究加注推进剂条件下弹体结构的性能变化规律，预测推进剂条件下导弹结构的剩余寿命，将成为导弹武器装备安全研究的重要方向。同时，还应当注意到，在理论模型中，剩余寿命预测是在导弹结构性能变化或损伤检测的基础上完成的，在加注推进剂条件下，要实现导弹结构的剩余寿命预测，还必须具备能够检测结构性能变化或损伤的有效技术。

因此，在长期加注推进剂条件下，研究贮箱材料在液体推进剂中的腐蚀规律及腐蚀无损检测，并有机结合检测结果和腐蚀规律模型来进行寿命预测，是解决导弹剩余寿命预测问题的重要途径。

1.2.3 常用的腐蚀无损检测方法综述

早期的结构腐蚀无损检测方法主要有直接观察法、超声波法、X 射线法、电涡流法、磁粉法、渗透法等，这些方法各有所长，在结构腐蚀检测中发挥着重要作用。近年来，针对不同领域中材料和结构的特点，一些新的无损检测技术如超声 C 扫描、漏磁法、声发射、红外热波等方法也被应用于结构腐蚀的检测，为结构腐蚀的快速、准确定量评价提供了有利的技术条件。

然而，对于液体导弹弹体面积大、结构相对复杂的特点，上述几种检测方法均难以满足液体导弹弹体的快速、高效、便携、大面积实时检测的需要。直接观察法要求检查人员经验丰富，尽管目前的CCTV（闭路电视）摄像[25]、工业内窥镜[26,27]和激光反射测量[28,29]等技术已经赋予了传统直接观察法自动化检测的能力，但该技术需要检测设备入罐检测，不能用于加注了推进剂的贮箱检测；超声波方法具有多种优点，在腐蚀检测中的研究相对比较深入[30,31]，是当前腐蚀剩余壁厚测量中最常用的一种方法，但该方法只能进行点的测量，对材料的表面要求高，需要耦合剂，检测速度慢[32]；X射线方法[33]对平行裂纹的检测比较困难，并且检测设备庞大、检测周期长、不便于在线检测，且射线对人体有害；磁粉方法[34]需要在材料表面施加磁粉，并只能应用于检测铁磁性材料和工件表面、近表面的裂纹及其他缺陷；漏磁法[35-37]虽然不用磁粉，但腐蚀类损伤产生的漏磁信号非常微弱；渗透法[34]主要应用于材料表面开口缺陷，不能检测结构的内表面腐蚀；涡流法[38]在检测时采用交流磁场在导电材料中感应出涡流，会对液体导弹中的一些敏感元器件产生干扰。除此之外，其他几种新型无损检测技术还不够成熟，如声发射只有在材料受到应力破坏的情况下才能发生，对静态缺陷的检测还需要与其他方法配合使用[39-41]；有些方法尚处于研究和探索阶段，如超声C扫描方法[42]等，对液体导弹加注推进剂条件下的腐蚀检测还有待研究。

目前，对于液体推进剂贮箱等结构的腐蚀检测，主要是借助常规的超声检测方法，但检测效率不高。在实际应用中，推进剂贮箱的腐蚀是通过化验推进剂的质量变化、分析推进剂中金属组分的含量来判断的，不能获取贮箱的腐蚀位置和腐蚀程度。而对液体推进剂贮箱，目前还处于不检测状态，因此，针对长期加注推进剂贮存的液体导弹来说，必须发展一种快速、有效的无损检测技术，为导弹的贮存安全提供可靠保障。

红外热波（infrared thermal wave）无损检测技术（本书简称热波检测技术或热波技术）是近二十年来美国航空航天和国防领域兴起的一种新的无损检测技术，由于其检测速度快、效率高，观测面积大、便于在线在役检测等优点引起了国内外广泛的关注[43-45]。1990年以来，国内外积极开展热波技术的研究和应用，随着计算机水平和红外热像仪精度的不断提高，目前这项技术可以检测出设备泄漏、传热设备结垢、隐藏腐蚀、金属夹杂、气孔、界面腐蚀裂纹等缺陷和损伤[46,47]，在航空航天、汽车、化工、石油、建筑、电力、电子、医学等领域有了很多成功的应用[48-61]。在一定程度上，红外热波检测设备的精密度要求远远小于超声、涡流和光学检测仪器[62]，这使得热波技术在腐蚀检测中具有较好的研究和应用前景。因此，本书利用新兴的红外热波检测技术，解决长期加注推进剂条件下液体推进剂贮箱的质量检测问题，通过研究热波在贮箱结构中的传导规律，对热波检测的热激励源及其加载方式进行优化分析。在此基础上，研究基于热波技术的腐蚀损伤定量识别方法，实现对贮箱腐蚀损伤的准确检测，将检测结果应用于贮箱的剩余寿命预测。

1.3 热波技术在腐蚀检测中的研究与应用现状

19 世纪初期，Fourier 首次提出了热波（thermal wave）的概念，热波是传播过程中随时间周期性变化的温度场。但直到 1978 年，热波理论才开始真正用于无损检测。金属材料具有优异的反射性和导热性，如铝及其合金具有非常好的热扩散性，表面发射率低，在早期的腐蚀损伤检测中，热波技术的应用受到了限制，但随着高能闪光灯以及高速、多像元、高灵敏度成像热探测设备的出现以及计算机数字信号处理技术的发展，对铝及其合金材料腐蚀损伤的检测已成为热波无损检测的重要应用领域[63]。

在腐蚀检测方面，热波技术也得到了深入的研究和发展。由于红外热波方法涉及传热学、红外热图像处理等一系列学科的内容，该方法在腐蚀检测中的研究和应用离不开对其关键技术的掌握。下面将分别对热波理论、热激励源、红外热图像处理及损伤定量识别方法等关键技术的国内外研究现状进行综述，并针对目前存在的主要问题进行深入分析，为开展本书相关的工作提供参考。

1.3.1 热波理论

热波理论描述的是变化的温度场与材料之间相互作用的机理，是热波检测的理论基础。目前，主要通过理论分析和数值模拟的手段研究热波与材料之间的相互作用。

1984 年，奥齐西克[64]假定材料在传热性能上为近似的各向同性，并忽略表面的辐射和对流换热，利用镜像原理，推导出了脉冲加热后半无限大材料的表面温度场的一维理论计算公式，该公式考虑了损伤深度对温度场的影响，因此能够定性研究损伤的深度。在此基础上，1996 年，V. P. Vavilov 等[65]对腐蚀损伤形态进行了简化假设，建立了热波技术检测腐蚀损伤的一维模型，并于 1998 年，在一维模型的基础上，讨论了三维热传导对腐蚀损伤检测的影响，以失厚率（材料厚度的腐蚀损失与初始厚度的比值）为特征参数，建立了评估腐蚀损伤的三维经验公式模型，可用于腐蚀剩余壁厚的识别[66]。之后，通过对比分析一维、二维和三维热传导模型（经验公式）的特点，建立了针对不同腐蚀特点的腐蚀损伤识别模型[47]。事实上影响热波与材料相互作用的因素有很多，其中损伤大小也是一个重要因素。1991 年，S. K. Lau、D. P. Almond 等[67]把损伤尺寸（直径）考虑进去，根据一维理论模型，假定损伤被均匀加热并且能完全反射热能，只考虑热波在损伤表面的一次反射，建立了测量金属试件内近表面损伤深度的简单三维模型，得到了表面温差（缺陷对应区域与正常区域的温差）与损伤大小和深度随时间变化的公式，该公式是迄今为止描述损伤存在对表面温度场影响最全面的公式。2006 年，薛书文等[68]通过黑体辐射理论和热传导理论研究了红外热波方法的检测机理，得到了常用的反射法和透射法检测的适用范围。2007 年，Grinzato 等[69]将平板中腐蚀损伤的热波检测扩展到了筒状和球状结构中腐蚀的检测，在检测有大量金属损失的腐蚀损伤时考虑了构件形状、损伤尺寸和热激励源对多维热传播的影响，建立了与筒状结构腐蚀损伤特征相关的热波响应表达式，进一步拓宽了热波技术在腐蚀检测中的应用范围。

上述公式及模型均是在一维状态下假定材料各向同性的基础上推导出来的，对于热扩散性能较好的金属材料以及各向异性材料如复合材料的检测，由于热流受三维热扩散的影响严重，无法通过数学推导求得其精确的解析公式，目前主要借助数值分析的手段研究热波在复杂材料和结构内部的传导规律。

数值分析方法能够对热波在材料内部的传导进行分析，并且可以深入地研究各种因素对检测参数的影响[70]。2000 年，梅林等[71]利用有限元仿真方法模拟和分析了脉冲红外热成像检测过程，给出了对多种材料进行探伤研究和定量化测量的理论模型。2002 年，S. Marinetti 等[72]分析了三维热传导中金属热扩散性对腐蚀损伤大小识别的影响，通过二维数值仿真模型的分析计算，提出了一个腐蚀损伤识别的校正系数。2006 年，黄红梅等[73]对构件内部孔洞的热波检测进行了三维数值仿真分析，研究了一定脉冲激励强度下激励时间对热波检测结果的影响，确定了检测的最佳时机。目前，数值仿真分析方法在复合材料损伤的热波检测研究中应用较为广泛，并发挥了重要作用[74-77]。由于三维热传导的复杂性，直接利用有限元仿真分析软件（如 ANSYS、ABAQUS）对固体中热传导现象进行分析，进而深入研究影响热波检测的因素，在大量仿真分析的基础上，对缺陷的定量识别方法进行研究，可以大大节约时间、人力和财力。

1.3.2 热激励方式

热激励及其控制技术是决定能否激发材料内部损伤信息的关键，随着热激励方式的增多和完善，热波技术的腐蚀损伤检测能力不断增强。早期的热波技术采用了诸如电吹风、烤箱等热激励技术，由于没有考虑热源变化方式的影响，也没有明确热源变化与材料相互作用的规律，因而所得的结果具有不确定性。目前，主要有以下几种类型的热激励方式：脉冲热波法（又称脉冲热像法，PT）、调制热波法（又称调制加热法，MT）、脉冲相位热波法（PPT）、超声热波技术（UT）及激光热波技术等。

脉冲热波法是利用脉冲热源（高能闪光灯）发出毫秒级的可见光激励，由于其原理简单、检测速度快、效率高，得到了深入的研究[78]，上述用于腐蚀损伤检测的热波理论研究基本上都是在脉冲热激励方式下进行的。1988 年，V. P. Vavilov 等[79]最早将脉冲热波技术应用于金属结构隐藏腐蚀的检测。1993 年，Spicer

J. W. M. 等[80]研究了隐藏腐蚀特征的脉冲热波检测。为了实现对空军飞机隐藏腐蚀的快速、大面积检测，韦恩州立大学的 R. L. Thomas 课题组开展了飞机隐藏腐蚀的脉冲热波检测研究[81]，并研究了识别蒙皮腐蚀剩余壁厚的方法，结果表明热波技术能在短短几秒内获得飞机蒙皮结构的热图像，检出飞机铝合金蒙皮中隐藏的腐蚀区域，并能检出 1%的厚度腐蚀损失。1998 年起，薛书文等[82-84]采用脉冲红外热成像技术对金属内部近表面缺陷进行了检测分析，从理论上给出了评价脉冲红外热波无损检测分辨力的依据，并于 2005 年，通过设计标准试件，试验研究了损伤的深度和大小与检测误差之间的关系[85]。2001 年，K. E. Cramer 等[86]应用脉冲热波方法对锅炉热水管道的腐蚀损伤进行了检测，测量了锅炉腐蚀的剩余壁厚；美国 Thermal Wave Imaging（TWI）公司的 Steven M. Shepard 在热波技术方面做了大量的工作[87,88]，开发了用于商业推广的脉冲热波检测实验系统（EchoTherm®，ThermoScope® Ⅱ 和 EchoTherm® VT）。2004 年，Jeong-Seb Han 等[89]采用脉冲热波方法试验研究了涂层下金属的腐蚀，结果表明：热波方法能够快速检测出鼓包破裂区域、鼓包腐蚀和线状腐蚀，并可以通过表面温度分布来确定腐蚀的位置、形状和腐蚀区域的大小。2006 年，许占显等[90] 提出可将脉冲热波方法用于军事装备腐蚀的检测。赵石彬等[58]对聚丙烯管道的内壁腐蚀、结垢和裂纹进行了检测试验，取得了较好的检测效果。2007 年，孙延春等[91]通过对比国内目前的各种飞机隐藏腐蚀检测方法，指出热波技术是未来飞机隐藏腐蚀检测发展的新方向。2012 年，赵志昌等[92]采用脉冲热波方法试验研究了加速腐蚀试样和实际飞机结构腐蚀试件的检测，结果表明脉冲热波方法可以很好地检测腐蚀损伤，不受腐蚀产物残留的影响，对剥层腐蚀的检测特别有效。近年来，脉冲热波法在国内主要被应用到了复合材料缺陷和损伤的检测[93-96]，检测结果表明：脉冲热波技术能够快速发现缺陷和损伤，是一种比较有效的无损检测方法。

超声（红外）热波检测技术起源于 20 世纪 70 年代末，1981 年，美国约翰·霍普金斯大学（Johns Hopkins University）的 R. B. Mignogna 等人采用频率为 20kHz 的超声波激励金属构件，并采用红外热电视记录构件表面温度分布图，实现了对构件内缺陷的检测[97]。由于超声波对缺陷区域进行选择性加热，该方法具有较高的灵敏度、视场范围大、检测方便等优点，非常适合检测大型设备或形状不规则物体或结构的缺陷。2000 年以后，L. D. Favro[98,99] 和 Han 等[100-106]做了大量的研究工作，成功将超声热波技术应用于飞机裂纹、疲劳损伤的检测中。近年来，国内在超声红外热波检测方面也进行了深入研究，通过仿真和实验的方法验证了超声热波技术具有较高的检测灵敏度[107-113]。由于超声热激励方式的加热机理与脉冲、锁相和脉冲锁相等热激励方式的不同[114]，该方法在腐蚀检测中主要被应用于应力腐蚀裂纹的检测。T. Sakagami 等[115]采用超声热波方法对不锈钢材料的应力腐蚀裂纹进行了检测，与超声波、电涡流和液体渗透等方法的检测结果对比，表明超声热波方法适合于应力腐蚀裂纹的检测。

另外，德国斯图加特大学团队[116]开发的调制热波检测方法（又称“LOCK-IN”热像技术），以及由加拿大 X. P. Maldague 等[117,118]提出的兼具脉冲法和调制法优点的脉冲相位热波方法（pulsed phase thermography，PPT）也得到了迅速的发展，在一些类似于腐蚀损伤（如金属平底洞试件）的构件缺陷检测中进行了应用[119-125]，取得了较好的检测效果，但目前这两种方法主要被应用于复合材料缺陷的检测[126-130]。

除了上述几种方式外，还有人提出利用电流[131]、机械振动[132-134]、激光[135,136]等作为热激励源的热波检测方法，但这几种热激励方式还处于初步研究阶段，没有看到其在腐蚀检测方面的应用。近年来，本书著者课题组在国家自然科学基金等项目的资助下，先后自主搭建起了一套脉冲热波检测系统和一套超声热波检测系统，并取得了一系列的研究成果，因此，本书基于这两套系统展开推进剂贮箱腐蚀损伤的检测。

1.3.3 热波检测损伤定量识别方法

损伤定量识别是无损检测技术的最终目标，腐蚀损伤的识别主要是确定腐蚀面积（蚀坑直径）和腐蚀深度（剩余壁厚）。损伤的定量识别一直是研究的难点，也是制约红外热波技术推广应用的重要因素。

（1）损伤深度/剩余壁厚的识别

无损检测领域把损伤在表面以下的深度称为损伤深度，并将其作为检测的重要内容，提出了多种热波损伤深度的识别方法，而损伤深度对应着结构的腐蚀剩余壁厚。

根据前述的一维热传导表面温差理论计算公式，可以推出脉冲热激励下最大表面温差对应的时间（峰值）与剩余壁厚的平方成正比。这便是脉冲热波检测中应用最广泛的最佳检测时间法的基本原理，但该方法忽略了横向传热及表面的热交换，因此理论公式具有较大的误差，一般用于定性分析。1986 年，Balageas 等[137]提出了分离点方法，把降温曲线转换为双对数曲线，无缺陷区域对应的是一条直线，对数降温曲线偏离直线就表明存在损伤，而剩余壁厚与降温曲线发生偏离的时间关系密切，通过获取偏离时间即可计算剩余壁厚。1996 年，Yuri A. Plotnikov 等[138]基于脉冲热激励源研究了损伤识别的问题，提出利用表面温度场的空间和时间分布来识别损伤深度和大小的方法，通过数值分析研究了热对比度、温度时域信息及相位信息在缺陷识别中的应用，得出了一些结论，但是，该研究只是对损伤识别进行定性的分析。同年，Hamzah 等[139]研究发现损伤表面的温度对比度开始上升的瞬间所对应的时间只与损伤深度有关，而与损伤的直径无关，提出了一个用于计算损伤深度的计算公式，具有较好的计算精度。

1999 年，Deemer C. 等[140]发现表面温差函数的一阶微分曲线存在一个峰值，其对应的时刻与损伤深度具有一定的对应关系，因此提出了表面温差变化率峰值（peak slope time，PST）方法。2002 年，J. G. Sun[141]提出了基于最小二乘拟合的损伤深度计算方法，并申请了专利。2003 年，Steven M. Shepard[87]直接对表面温度函数取对数后对时间的对数进行二阶微分，提出了计算损伤深度的对数峰值二阶微分（logarithmic peak second-derivative ，LPSD）法。2006 年，J. G. Sun[142]对比分析了表面温差峰值时间（peak contrast time ，PCT）方法、PST 方法、LPSD 方法和最小二乘拟合方法，结果表明在理想条件下各种方法都具有较高的计算准确度，实际检测中损伤深度的识别误差受计算方法、损伤大小和深度的影响而不同。2012 年，首都师范大学的曾智[143,144]等对表面温度函数进行了变换，对变换后的函数进行一阶微分求极值，得到了一个特征时间，提出了计算缺陷深度的绝对温度变化率峰值时间（absolute peak slope time，APST）方法。霍雁等[145]在 LPSD 方法的基础上，提出利用最小二乘多项式拟合法来处理 LPSD 方法特征时间与损伤深度之间的关系，选择在相对误差平方和最小情形下的拟合关系式作为缺陷深度测量的标定关系式，避免了单点标定测量深度可能产生的随机误差，提高了识别准确度。上述方法均是通过对表面温度数据序列进行处理，获得与缺陷深度具有特定关系的特征时间，基于特征时间的获取实现损伤深度的定量识别，已经在不同领域不同损伤的识别中得到了应用[146-150]。

（2）损伤大小的识别

损伤大小与表面的温度异常区域有很大关系，1993 年，Almond 和 Lau[151]发现最大对比度的一半可作为分割损伤区域与无损伤区域的阈值。1997 年，薛书文[152]通过实验研究发现：最大表面温差 ΔT_{m} 与自然底数 e 的比值 $\Delta T_{m}/e$ 作为阈值来分割热斑，结果与真实的损伤尺寸非常接近。之后，王永茂等[153]通过仿真及实验，验证了该发现对于常规材料具有较好的精度。但是由于其缺乏相应的理论依据，对于复杂的结构或缺陷信号较弱的情况，误差较大。

在实际检测中，损伤大小的识别主要是通过对特征时刻表面热图像的处理与分析来实现的。为了提高红外热波技术的检测水平，研究人员在改善热图像质量、提高图像信噪比方面也进行了积极的研究。美国的 Steven M. Shepard 等通过大量的研究工作[87,154]，提出了独到的红外热图像处理方法——热层析图像重建理论（thermographic signal reconstrction，TSR）。该技术采用数据拟合法对降温阶段序列图像数据进行处理，并对其时间变化求导得到一阶、二阶导数图像，在增强图像的同时有效减小数据量，获得了比较好的效果[155-157]，还因此申请了专利[158]。2002 年，N. Rajic 和 Omar 等人[159,160]采用矩阵奇异值分解方法，提出了序列图像数据处理的主成分分析法。这两种方法在不同程度上提高了红外热波技术的检测性能，并且以序列图像为处理对象，包含了红外热波检测中对时间信息的分析，具有定量分析的能力。

此外，还有研究人员提出了动态热层析（dynamic thermal tomography，DTT）[161]、差分图像对比度（differential absolute contrast，DAC）[162]、高阶统计学（higher-order statistics，HOS）[163]等多种热波图像处理技术，均取得了初步成功。近年来，国内也在红外热波图像处理方面进行了深入的研究，取得了大量的研究成果[164-173]。

在图像非均匀校正、增强处理的基础上，采用图像分割技术提取热图像上的损伤信息，可实现损伤大小的识别。2007年，刘波等[174]利用Canny边缘算子检测算法进行了红外热波检测缺陷大小的识别，识别结果中缺陷形状的可视程度高。2009年，张炜等[175]以数学形态学为基础，采用分水岭图像分割方法，实现了热波检测缺陷特征的提取和分割，并在壳状结构脱黏缺陷的检测中进行了应用，对脱黏缺陷的大小进行了识别[176]。张金玉等[177,178]将传统的Sobel算子边缘检测方法和P-tile法、双峰法、等阈值分割等方法应用到了热图像的分割，并提出了基于遗传算法的二维最大类间方差方法，优化了图像分割的阈值，降低了热图像噪声对阈值分割的影响。近年来，图像分割作为计算机视觉研究领域的重要内容，得到了广泛而深入的研究，提出了上千种图像分割算法[179]，但现有方法多是为特定应用设计的，具有很大的针对性和局限性，在热波检测图像分割和损伤识别方面还有待开展深入的研究。

由于热波技术采用主动加热，获得的红外热图序列是一个动态变化的过程，采用通用红外热图像处理技术进行图像增强和分割，最终的损伤识别结果误差较大。因此，在研究通用红外热图像处理技术的基础上，研究更适合热波检测的红外热图像处理方法，获取更准确的损伤信息，也是热波定量识别研究的重要内容。

除了上述研究以外，由于热波检测过程中最大表面温差及最佳检测时间与缺陷的深度、大小以及缺陷传热系数、材料本身的物理性质参数等因素存在着非常复杂的非线性关系，人工神经网络方法[180-184]、遗传算法[185]、多元非线性回归方法[186,187]、粒子群优化算法（PSO）[188]等非线性理论也被应用于损伤识别，取得了一定的研究成果。

在实际的热波检测过程中，影响热波检测的因素还有缺陷类型、形状、环境温度与辐射、热像仪的精度等。所以，如何获得所有因素对检测参数的影响，并建立检测参数与上述因素之间的定量关系，实现对损伤的准确检测目前还是一个难点。

1.4 贮箱腐蚀剩余寿命预测研究存在的主要问题

上述国内外的研究虽然取得了一些有意义的成果，但针对液体导弹弹体结构寿命预测的应用，还存在一些问题尚未解决，需要进一步的研究。

① 在武器装备定寿和延寿研究方面，虽然推导和积累了一些预测在役导弹性能状态和使用寿命的理论模型及经验公式，但是这些研究成果在实际应用中存在一定的限制：a. 理论模型和经验公式往往建立在一定的统计数据和历史记录基础之上，没有这些数据就难以推算和确定导弹的性能状态及使用寿命；b. 理论模型和经验公式是在一定条件下推导或通过试验总结出来的，由于没有同时研究并建立这些条件与真实贮存条件之间的对应关系，其在实际应用中难以有效发挥作用。

② 需要建立与导弹装备寿命有关的材料在推进剂作用下的腐蚀规律模型。现有的研究成果没有很好地解决与腐蚀预测相关的两个问题：a. 在比较选材和工艺的优劣时，没有建立材料在推进剂中的腐蚀与时间的序列关系，因而没有可用的腐蚀规律模型；b. 没有根据试验条件与真实条件之间的对应关系建立合理可用的当量化处理方法，已有的研究结果在实际条件下无法应用。

③ 红外热波检测技术在加注推进剂的液体推进剂贮箱腐蚀检测应用中的可行性。作为一种新兴的无损检测技术，红外热波技术还没有在液体推进剂贮箱腐蚀损伤的检测中得到应用，其应用可行性是首先要论证的问题。

④ 腐蚀损伤的热波表征与定量识别方法还需要深入研究。目前国内外对红外热波检测的研究偏重应用领域，理论研究进展缓慢，理论上的瓶颈成为制约热波技术实现定量检测的关键。由于影响热波检测参数的因素有很多，除了缺陷本身的参数外，还与加热条件、环境因素、材料本身的特点以及实验仪器等因素有很大的关系，通过检测参数来获取准确的缺陷信息是非常困难的。因此，还需要深入研究基于热波技术的腐蚀损伤定量识别方法。

⑤ 无损检测与寿命预测属两个研究范畴，需要有机结合。当前的无损检测结果仅用于说明装备的性能状况，其结果与剩余寿命预测的需求还有一定的差距，两者的有机结合是今后武器装备健康管理和寿命预测的重要发展方向。

1.5 本书的内容体系

由上述分析可知，液体导弹在加注推进剂的长期贮存过程中，推进剂贮箱的腐蚀剩余寿命预测还有大量的研究工作要做，其主要研究内容的框架体系如图 1.1 所示。

推进剂贮箱腐蚀剩余寿命预测的研究，包含贮箱的动态腐蚀规律及预测研究、腐蚀破坏临界指标研究（如极限强度、稳定性等的临界尺寸）以及贮箱腐蚀的热波检测及评估等三个方面。通过综合运用三个方面的研究成果，在有效的数据处理方法和预测技术的基础上，实现贮箱腐蚀剩余寿命的准确预测。

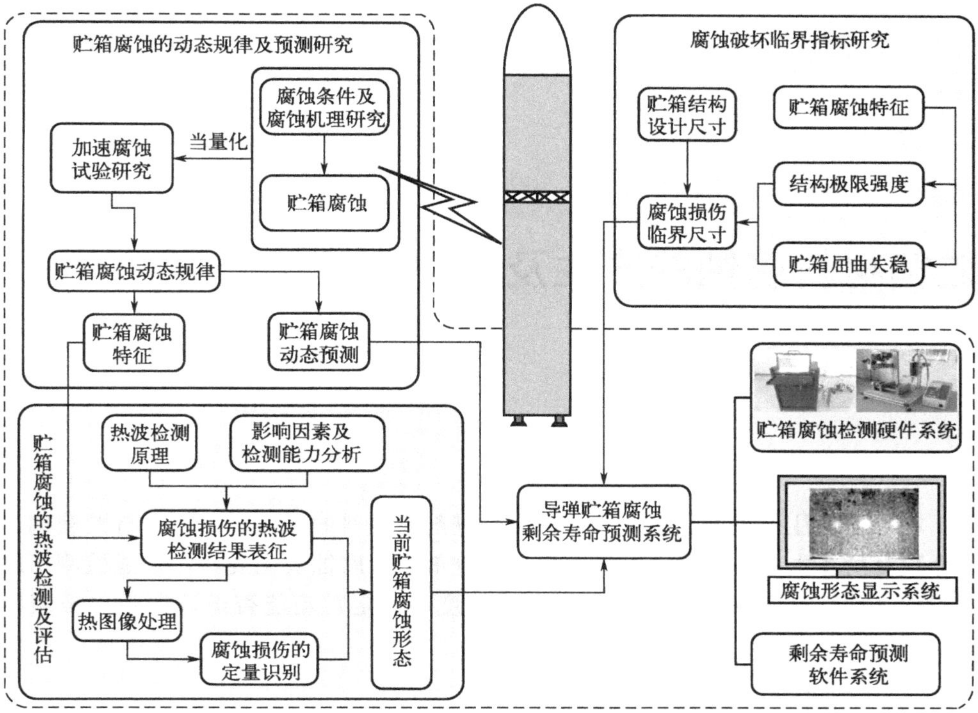

图 1.1　贮箱腐蚀剩余寿命预测研究框图

本书紧紧围绕长期加注推进剂条件下贮箱的腐蚀及其检测、评估问题展开深入研究，主要研究内容和研究思路如图 1.1 虚线框中的内容所示。通过综合运用电化学、传热学、有限元数值分析、红外热图像处理等学科的相关技术，研究推进剂对贮箱材料的腐蚀及其演化规律，利用红外热波技术检测腐蚀损伤，建立腐蚀发展规律和腐蚀检测结果的对应关系，研究基于热波检测的寿命预测方法，为导弹质量监管和寿命预测提供依据。推进剂贮箱腐蚀损伤临界指标（寿命判据）的确定可参考相关设计和应用资料。

2

贮箱材料腐蚀的产生及其演化规律

在长期加注推进剂的条件下，获取推进剂对材料的腐蚀规律是进行贮箱剩余寿命预测的基本条件，深入分析材料在推进剂中的腐蚀演化规律，才能检测出腐蚀损伤来估算一定服役期后贮箱的腐蚀程度，评定贮箱能否继续服役以及服役期限。

2.1 腐蚀试验方案

2.1.1 问题的提出及解决途径

LD10 铝合金（经规范化后的牌号为 2A14）是 Al-Cu-Mg-Si 系锻铝中最典型的合金，具有屈服强度高、成形性能好、强度高、耐热性能好等优点，在航天工业中被广泛用作液体推进剂的贮箱材料，N_2O_4 和肼类燃料在长贮过程中制约导弹寿命的机理不同（N_2O_4 对通过腐蚀造成贮箱结构损伤或破坏，肼类燃料则是自身的分解），因此，以 LD10 铝合金在 N_2O_4 中的腐蚀为例开展研究。

由于 N_2O_4 的蒸气压大，极易挥发，刺激性、毒性及腐蚀性较强，给贮存研究工作带来较大困难。加之以往研究结果表明[6]：无水 N_2O_4 对金属材料的腐蚀性很小，当 N_2O_4 中的相当水含量低于 0.4%时，其对金属的腐蚀是微不足道的。因此，依照前人工作进行 N_2O_4 的长贮试验，投入成本高，在较短时间内，不会有明显的结果产生，长贮试验不是最佳的研究方法。

从安全学角度出发，要获得对事物危险程度的判断，应从最基本的危险因素出发。液体推进剂在贮存或使用过程中，推进剂成分的变化，如氧化剂吸收空气中的水分形成硝酸，将加速对贮箱的腐蚀，考虑到长期贮存过程中多种因素导致的水分进入以及推进剂本身强烈的吸湿性，应以加注条件下推进剂吸收水分为最基本的危险因素，将吸水推进剂的腐蚀作为限制贮箱剩余寿命的短板。

基于以上考虑，通过研究吸湿后推进剂对贮箱的腐蚀规律，建立与吸湿量相关的贮箱腐蚀动力学模型，为预测液体推进剂贮箱的剩余寿命提供依据。

2.1.2 总体试验方案

某些腐蚀行为较为轻微，短时间内无法掌握腐蚀的特点及规律，可以利用加速腐蚀试验方法进行研究。加速腐蚀试验的主要特点是从实际腐蚀环境的腐蚀机理出发，通过改变环境因素，例如调整温度、压力以及酸碱度等来缩短腐蚀时间，达到加速试验的目的。按照上述研究思路，设计推进剂浸泡试验、电化学腐蚀试验、贮箱材料当量加速腐蚀试验和材料强度试验 4 种试验。

(1) 推进剂浸泡腐蚀试验

推进剂浸泡腐蚀试验是将待腐蚀试件浸泡于推进剂中，观察推进剂对材料的腐蚀现象。推进剂浸泡腐蚀试验在室温下进行，环境温度范围 8～15℃，湿度范围 50%～70%，基本接近阵地环境的温湿度条件。将待测试件放入准备好的玻璃容器内，倒入 N_2O_4 液体，密封好后静置浸泡。共进行 120d 浸泡试验，在试验期间每 40d 取出 3 件试件进行扫描电子显微镜（scanning electron microscope，SEM）检查，观察并分析其腐蚀情况。

按照标准对试验用的 N_2O_4 初始指标进行分析化验，结果见表 2.1。

表 2.1 四氧化二氮初始指标

项目	技术规格	项目	技术规格
四氧化二氮（质量分数）/%	99.17	机械杂质/(mg/L)	8.93
相当水含量（质量分数）/%	0.2728	外观	红棕色均相液体

(2) 电化学腐蚀试验

电化学腐蚀试验是试验研究的重要组成部分，通过电化学腐蚀试验获取加速腐蚀试验的腐蚀当量。电化学测试设备是电化学工作站，采用三电极系统进行试验研究，其中参比电极为饱和甘汞电极，辅助电极为 10mm×10mm×0.1mm 的铂电极，工作电极为试验制作的 LD10 电化学腐蚀试件。

(3) 贮箱材料加速腐蚀试验

贮箱材料的加速腐蚀试验主要测试贮箱材料在吸水推进剂中的腐蚀及其演化规律。考虑到液体导弹在贮存过程中承受的载荷因素，设计与应力耦合作用的材料腐蚀试验，包含试件无加载试验和试件有加载试验两种试验。

对推进剂浸泡腐蚀试验和加速腐蚀试验试件进行重量和厚度测量、力学性能测试，分析腐蚀试件的力学性能变化，验证腐蚀当量关系，研究应力作用下材料的腐蚀行为，为建立腐蚀损伤模型、研究腐蚀动力学规律提供试验数据。

（4）材料强度试验

材料强度试验主要测试试件的原始力学性能参数和腐蚀试件的力学性能参数，以初始力学性能参数为参考，研究腐蚀对试件力学性能的影响。分别从初始试件和经推进剂浸泡、加速腐蚀试件中随机抽取不少于3件进行静力学性能试验，获取试件的弹性模量、断裂强度和屈服极限。材料强度试验使用的仪器为材料拉伸机，拉伸机最大拉力为200t，试验采用位移控制方法进行。

由于材料的腐蚀行为受材料、介质和环境条件等多种因素的影响，在某些情况下，这些因素之间还存在交互作用，在试验过程中，应严格控制有关因素，以保证实验结果的可靠性。

2.2 推进剂加速腐蚀试验设计

2.2.1 液体导弹贮存中的腐蚀环境分析

在湿度较大的地下设施中，影响导弹外部环境的因素更加复杂，推进剂的吸湿性以及导弹系统少量的推进剂泄漏和残留，将在潮湿环境中形成酸或碱，形成复杂的腐蚀环境，所以长期加注条件下液体导弹贮存时不能忽略外界温湿度变化的影响。

一般说来，贮存场所的温度大约等于地表气温的年平均值，我国不同地方的温度变化差别较大，但总的来说，即使考虑到地表温度影响较大的部位（如接近地表的位置），也可认为腐蚀是在常温下进行的。

2.2.2 加速腐蚀试验的理论依据

纯 N_2O_4 实际上是无色的，但常见的 N_2O_4 是一种红棕色液体，在常温下冒红棕色的烟，具有强烈的刺激性臭味[189]，这是由于在常温下 N_2O_4 部分分解为了 NO_2，故四氧化二氮实际上是二者的平衡混合物。

$$2NO_2 \rightleftharpoons N_2O_4 + 58.16\text{kJ} \tag{2.1}$$

温度升高，NO_2 含量增高，蒸气压也随之升高。温度降低时，NO_2 含量减少，达到冰点时，NO_2 完全变为 N_2O_4 无色透明晶体。在贮存状态下，水分在极小的范围内，与其周围的 N_2O_4 发生反应，生成硝酸：

$$N_2O_4 + H_2O = HNO_3 + HNO_2 \tag{2.2}$$

同时，在 N_2O_4-HNO_3 体系中，溶液里面还存在着以下的平衡：

$$2HNO_3 \rightleftharpoons NO_2^+ + NO_3^- + H_2O \tag{2.3}$$

$$N_2O_4 \rightleftharpoons NO^+ + NO_3^- \quad (2.4)$$

1978年，美国AFRL研究了推进剂中含水量的增加对N_2O_4-HNO_3体系的影响，其结果如表2.2所示[12]，并通过研究不同金属在N_2O_4-HNO_3体系中的腐蚀电荷转移规律，验证了上述反应机理。1982年，AFRL用拉曼光谱法再次证明了上述反应[190]。因此，改变试验中推进剂水分的含量并没有改变实际电化学腐蚀的本质。

AFRL的研究报告中采用了摩尔分数来表示N_2O_4-HNO_3体系，换算成HNO_3的体积分数结果如表2.2最后一列所示。

表2.2 含水量对N_2O_4-HNO_3体系的影响

水分含量（体积分数）/%	初始量/mol		平衡时的量/mol		N_2O_4摩尔分数	HNO_3体积分数/%
	H_2O	N_2O_4	HNO_3	N_2O_4		
1	0.012	0.347	0.024	0.339	0.934	4.4629
2	0.024	0.344	0.048	0.308	0.865	9.3242
3	0.037	0.340	0.074	0.284	0.793	14.6704
4	0.049	0.337	0.098	0.264	0.729	19.6746
5	0.061	0.333	0.122	0.242	0.665	24.961
6	0.073	0.330	0.146	0.220	0.601	30.4534
7	0.085	0.326	0.170	0.198	0.538	36.1642
8	0.098	0.323	0.196	0.176	0.473	42.3567
9	0.110	0.319	0.220	0.154	0.412	48.5229
10	0.122	0.316	0.244	0.133	0.353	54.7616
12	0.147	0.309	0.294	0.088	0.230	68.7931
14	0.171	0.302	0.342	0.046	0.118	83.0671
16	0.183	0.300	0.376	0.026	0.065	90.5142

N_2O_4是一种极性很小的氮氧化物，它对铝合金无明显的腐蚀作用，但吸水后产生的硝酸对金属既有化学腐蚀又有电化学腐蚀。研究表明N_2O_4对金属的腐蚀产物主要是硝酸盐，N_2O_4对金属的腐蚀作用主要是其中的硝酸造成的[191]，硝酸与大多数金属都能发生如下反应：

$$M + 2nHNO_3 \longrightarrow M(NO_3)_n + nH_2O + nNO_2 \quad (2.5)$$

式中，M为金属；n为金属氧化状态时的价数。

铝合金在N_2O_4中的腐蚀现象，主要是由于硝酸的腐蚀作用。

稀硝酸中：

$$2Al + 6HNO_3 \longrightarrow 2Al(NO_3)_3 + 3H_2\uparrow \quad (2.6)$$

浓硝酸中：

$$2Al + 6HNO_3 \longrightarrow Al_2O_3 + 3N_2O_4 + 3H_2O \tag{2.7}$$

如果改变 N_2O_4 中的水分含量，必然会破坏 N_2O_4-HNO_3 体系中的已有平衡，促使更多的 N_2O_4 转化为 HNO_3，也使得推进剂对铝合金的腐蚀能力增大，在一定程度上起到了加速试验的作用。

由上述分析可知，增加 N_2O_4 中的水含量或提高硝酸溶液的浓度，可以实现腐蚀的加速。一般来说，温度升高会使腐蚀速率加快。因此，分别使用 N_2O_4 和硝酸溶液来进行腐蚀试验，通过改变试验温度和硝酸溶液浓度，加快材料腐蚀反应的速度，缩短腐蚀时间，并从腐蚀反应机理、腐蚀电化学规律等方面分析所提出的研究问题，以检验推进剂吸收水分的危险并验证加速腐蚀试验方法的可行性。

2.2.3 加速腐蚀当量的获取方法

加速腐蚀试验的关键是建立当量关系。只有确定了加速当量关系，才能对加速腐蚀试验与实际腐蚀情况建立联系，使加速腐蚀试验有意义。目前主要有三种方法来确定当量加速关系[192,193]。

① 腐蚀程度对比法。以加速试验的腐蚀程度与真实贮存中的腐蚀程度对比，建立试验腐蚀与真实腐蚀的当量关系。一般情况下，腐蚀坑的深度会随着腐蚀时间的延长而逐渐增大，因此，常选用腐蚀深度来建立加速腐蚀试验与实际腐蚀的当量关系。

② 疲劳强度对比法。利用材料的疲劳强度（寿命）随时间变化的特点，将加速腐蚀试验中的疲劳强度与实际腐蚀中的疲劳强度相比，得出当量系数。

③ 当量折算法。绝大多数金属的腐蚀都是由电化学反应引起的，电化学反应总是伴随着电荷的转移与传递，而转移的电荷与反应物质的变化量之间有着严格的对应关系，因此，可根据加速条件下的腐蚀电流，推算与实际腐蚀的当量关系。

腐蚀程度对比法和疲劳强度（寿命）对比法，都能够较为快速地推算出腐蚀当量关系，完成加速腐蚀试验。但对于 N_2O_4 和 LD10 铝合金来说，没有进行长时间的贮存试验，就难以找到合适的对比物来推断未知的腐蚀结果，加之没有可供对比的含腐蚀的贮箱，也没有可进行疲劳强度试验的长贮腐蚀试件，因此，选用当量折算法来建立加速腐蚀试验的当量关系。

当量折算法引入了电化学分析的试验方法。金属材料在电化学反应过程中，电荷的转移与传递服从法拉第定律[194]：

$$\Delta W = \frac{M}{nF}Q = kI_C\Delta t \tag{2.8}$$

式中，ΔW 为金属在时间 Δt 内的腐蚀量，kg；M 为金属的原子量；Q 为 Δt 内流过金属的电量，C；n 为氧化过程中金属失去的价电子数；F 为法拉第常数，$F=96494$C；k 为金属的电化学当量；I_C 为流出阳极金属的电流，A。可以看出，选择腐蚀电流 I_C 作为度量尺度是比较准确及严格的。

在不同环境因素的作用下，腐蚀电流 I_C 的大小会不相同，表征腐蚀速率的不同。在时间 t 内金属的腐蚀量可以表示为：

$$Q=\frac{1}{F}\int_0^t I_C(t)\mathrm{d}t \tag{2.9}$$

通过改变环境条件，在时间 t' 内金属的腐蚀量可以表示为：

$$Q'=\frac{1}{F}\int_0^{t'} I'_C(t')\mathrm{d}t' \tag{2.10}$$

如果令 $Q=Q'$，就可以建立起腐蚀系统在两种环境因素下的当量关系。假设 Q 代表在正常腐蚀环境中的腐蚀量，Q' 代表在加速腐蚀环境中的腐蚀量，令

$$E_C=\frac{I_C}{I'_C}=\frac{t'}{t} \tag{2.11}$$

E_C 就是当量折算系数，通过测量两种环境中的腐蚀电流 I_C 和 I'_C，可计算实际腐蚀时间 t' 和加速腐蚀时间 t 的对应关系。

2.2.4 腐蚀试件和试验装置的设计与处理

试验用 LD10 铝合金板材初始状态为退火状态，为达到要求的力学性能，需将退火状态的 LD10 铝合金做如下处理：将 LD10 铝合金先进行淬火（502℃保温 48min），而后用热水（40～60℃之间，最好为 48℃左右）冷却 10～15min，淬火后 4h 之内（或 48h 之后）进行人工时效（160℃人工时效 10h）。原始板厚 2mm，其化学成分和力学性能见表 2.3 和表 2.4。

表 2.3 LD10 铝合金化学成分（质量分数） 单位：%

Al	Cu	Mg	Mn	Fe	Si	Zn	Ni	Ti	其他
92.2	4.2	0.6	0.8	0.7	0.8	0.3	0.1	0.15	0.15

表 2.4 LD10 铝合金力学性能

抗拉强度 σ_b /MPa	屈服强度 σ_s /MPa	延伸率 δ/%	泊松比 μ	密度 ρ /(g/cm^2)	弹性模量 E /MPa
460	400	8	0.31	2.8	70000

按照不同试验的需求设计腐蚀试件，试件的形状和尺寸设计、制作方法、预处理过程、标记和试验设计均按照 GB/T 15970.4—2000[195] 和 GJB 8616—2015

标准[196]要求执行。对板材进行机加工、线切割，分别制成电化学腐蚀试件和狗骨状应力腐蚀试件。

（1）电化学腐蚀试件

电化学腐蚀试件的形状及尺寸如图 2.1 所示，试件厚度为 2mm，采用导线缠绕试件颈部后，沿虚线用石蜡对试件进行封装，预留试件的接触面积为 $216mm^2$，试件照片如图 2.2 所示。

试验前对试件进行预处理，基本步骤是：除油、去离子水冲洗、酒精冲洗、封样、试样编号、去离子水冲洗、酒精冲洗、置于烘箱中干燥（40℃）、在通风状态下自然冷却，然后将试件置入干燥器保存，试验时取出使用。

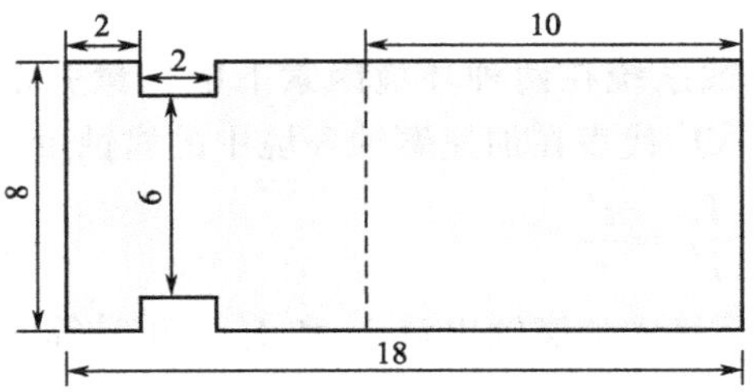

图 2.1　电化学腐蚀试件形状及尺寸（单位：mm）

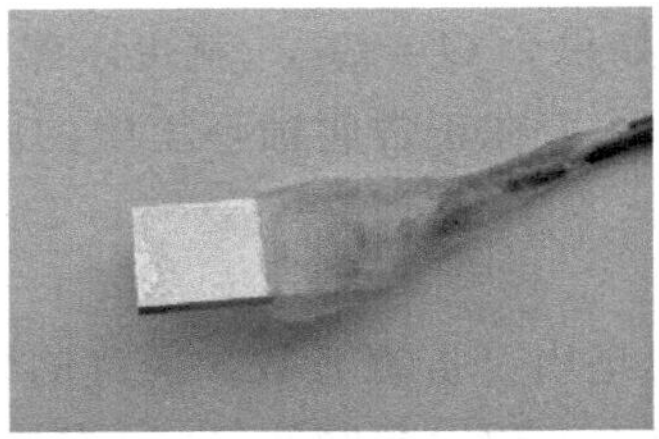

图 2.2　电化学腐蚀试件实物图

（2）浸泡腐蚀及加速腐蚀试件

设计浸泡腐蚀及加速腐蚀试件形状为狗骨状，试件厚度为 2mm，试件形状及尺寸如图 2.3 所示。

试验前对试件进行预处理，基本步骤同电化学试件的处理过程。称重后，将试件置入干燥器中保存，试验时取出使用。

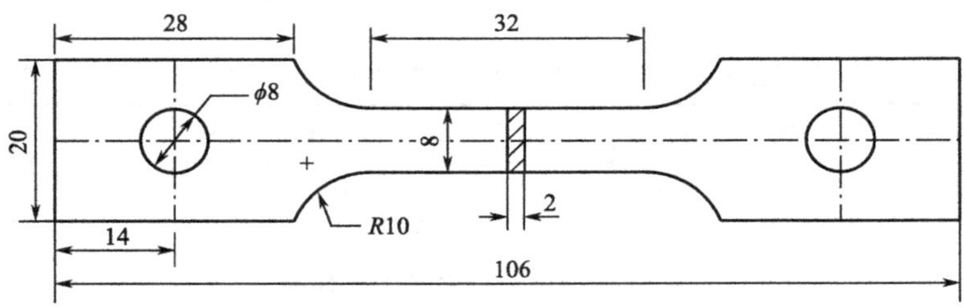

图 2.3　浸泡腐蚀试件形状及尺寸（单位：mm）

（3）应力加载结构设计

为了考察承载结构的腐蚀特征，设计了应力加载装置，该装置由加载框、夹具和销钉组成，材料为 1Cr18Ni9Ti 不锈钢。每个加载框设计可安装 6 个试件，使用 12 个夹具。夹具安装在加载框上，与加载框配合，通过拧紧螺纹对试件进行应力加载。其组装结构和尺寸设计分别如图 2.4 和图 2.5 所示。

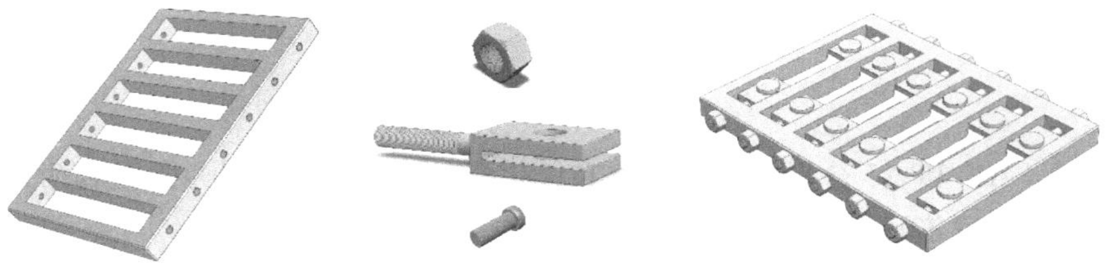

(a) 加载框　　(b) 夹具　　(c) 组装结构

图 2.4　应力加载装置效果图

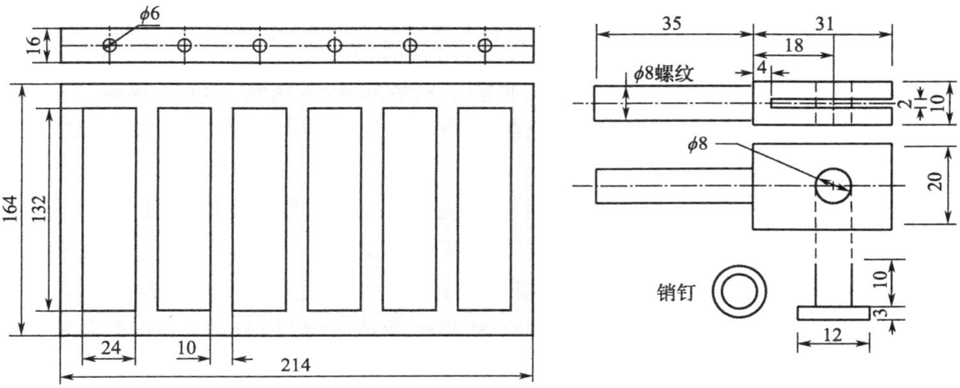

(a) 加载框尺寸　　(b) 夹具尺寸

图 2.5　加载装置设计尺寸（单位：mm）

2.3　贮箱材料在推进剂中腐蚀的电化学检测

2.3.1　腐蚀当量测试试验

（1）电化学测试方法选择

电化学测试方法主要有稳态测试方法、暂态测试方法、非线性测试方法、电化学阻抗测试方法以及电化学噪声测试方法等[197]。

其中稳态测试方法中的极化电阻法是目前国内外最常用的金属腐蚀快速测试方法，是在理论上已经证明的一种腐蚀速率电化学测试技术。Stern 和 Geary 推导了活化极化控制的腐蚀体系自腐蚀电位附近电极电位的变化与外加极化电流之间存在直线关系，得到了 Stern-Geary 公式：

$$\frac{\Delta E}{\Delta I}=R_{p}=\frac{b_{a}b_{c}}{2.303(b_{a}+b_{c})}\times\frac{1}{i_{c}} \tag{2.12}$$

也可以写成：

$$i_{c}=\frac{b_{a}b_{c}}{2.303(b_{a}+b_{c})}\times\frac{1}{R_{p}} \tag{2.13}$$

式中，ΔE 和 ΔI 分别为极化电位和极化电流；b_a、b_c 分别为阳极和阴极过程的 Tafel（塔费尔）常数；i_c 为腐蚀电流密度；R_p 为极化电阻。

获得 b_a 和 b_c 的方法有很多[33]，测定极化电阻和腐蚀电流的方法也有很多，最常用的是直流线性极化法和交流方波法。其中交流方波法使用小幅度方波作为极化源，可快速测得瞬间腐蚀速率，是许多腐蚀检测仪的设计原理，本书亦采用交流方波法中的方波电位法（也称为动电位扫描法）来测试腐蚀体系的极化电阻和腐蚀电流。

为了验证极化曲线测试结果的可靠性，以极化阻抗数据为特征参数，采用电化学阻抗技术计算腐蚀体系的极化电阻，通过对比两种测试方法的极化电阻来验证腐蚀电流数据的可靠性。

电化学阻抗技术[197]是一种准稳态电化学技术，通过对腐蚀体系输入小幅度正弦波电信号进行扰动，收集和分析腐蚀体系的响应信号、阻抗谱或导纳谱，计算频率响应函数得到系统的阻抗。用数学模型或等效电路对阻抗谱或导纳谱进行分析、拟合，可分析出腐蚀体系电化学过程的性质，计算表征参数的值。

（2）腐蚀当量关系测定试验安排

配制 HNO_3 溶液的体积分数分别为 5%、10%、20%、30%、40%、50%、60%，采用电化学极化曲线方法测量 LD10 材料在不同浓度 HNO_3 溶液中的腐蚀电流密度，获取不同浓度硝酸溶液中的腐蚀当量关系。测试时的环境温度为 20℃，相对湿度为 58%。

考虑到温度对腐蚀的加速作用，配制体积分数为 30% 的 HNO_3 溶液，分别在 10℃、20℃、30℃、40℃、50℃ 条件下测试腐蚀电流密度，计算出不同温度下的加速腐蚀当量。测试时的环境相对湿度为 58%。

2.3.2 电化学腐蚀测试试验

（1）极化曲线测试

采用 CS350 型电化学工作站的动电位扫描法进行测试。极化测试的范围设置为相对于开路电位 [−20mV，20mV]，扫描速率为 0.5mV/s，数据分析软件为 CView2。

材料在不同体积分数的 HNO_3 溶液中的线性极化曲线如图 2.6 所示。

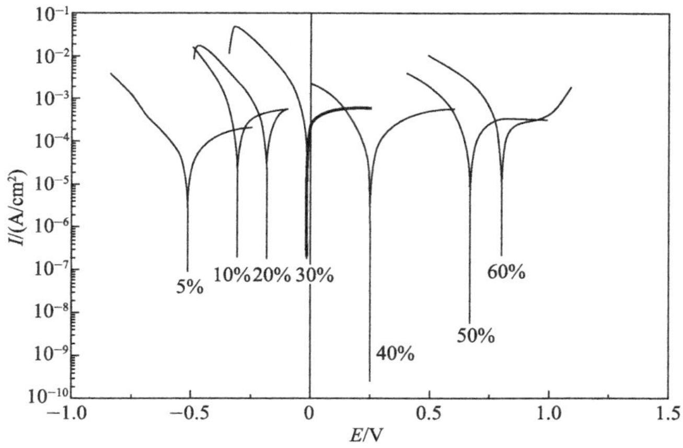

图 2.6　LD10 在不同浓度硝酸中的极化曲线（20℃）

通过 CView2 软件对动电位扫描数据进行塔费尔（Tafel）方法[194]拟合，计算出 LD10 材料在不同体积分数 HNO_3 溶液中的腐蚀电流密度，结果如表 2.5 所示。

表 2.5　LD10 在不同体积分数硝酸中的腐蚀电流密度（20℃）

HNO_3 体积分数/%	5	10	20	30	40	50	60
i_c/（$\times 10^{-4}$A/cm^2）	1.6385	3.9332	6.619	7.4957	5.9869	4.5821	3.8395

采用多项式拟合法，将材料在 HNO_3 溶液中的腐蚀电流密度与 HNO_3 溶液的浓度数据进行拟合，得到如图 2.7 所示关系曲线。

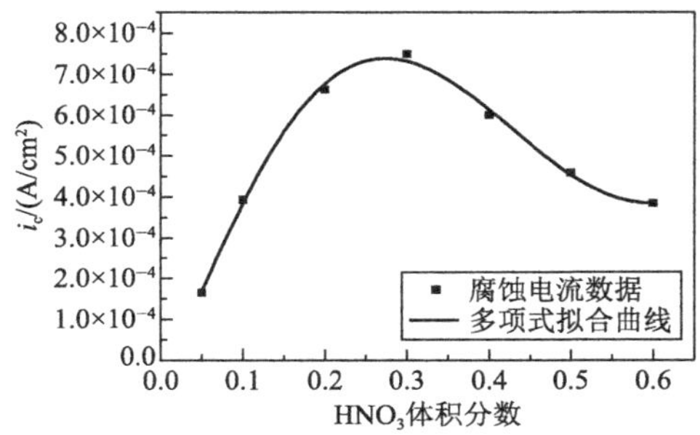

图 2.7　LD10 在硝酸中的腐蚀电流密度与硝酸浓度的关系

腐蚀电流密度与 HNO_3 浓度的拟合关系表达式为：

$$i_c = -0.06442V_{HNO_3}^5 + 0.12633V_{HNO_3}^4 - 0.0738V_{HNO_3}^3 + 0.006591V_{HNO_3}^2 + 0.00442V_{HNO_3} - 6.1858 \times 10^{-5} \quad (2.14)$$

可以看出，体积分数在30%左右的 HNO_3 对 LD10 的腐蚀作用最强，因此，为加快反应进程，加速试验选用体积分数为 30% 的 HNO_3，推进剂吸水后对 LD10 材料的腐蚀作用可采用当量方法获得。

根据式（2.14），可计算出体系中 HNO_3 的体积分数小于 1.38%或大于 93.74%时，体系对 LD10 材料无腐蚀电流产生，腐蚀可以被忽略。电化学测试结果与文献[191]中的研究结果完全一致，表明了所采取研究方法的可靠性。在 HNO_3 的体积分数为 30%时，其腐蚀速率最大，这是氢离子浓度增加，氢去极化腐蚀加剧的缘故。当 HNO_3 的体积分数超过 30%以后，由于钝化而使腐蚀速率降低。但在非常浓的硝酸中，铝并不发生过钝化作用。

不同温度下 LD10 试件在体积分数 30%的 HNO_3 中的极化曲线测试结果如图 2.8 所示。

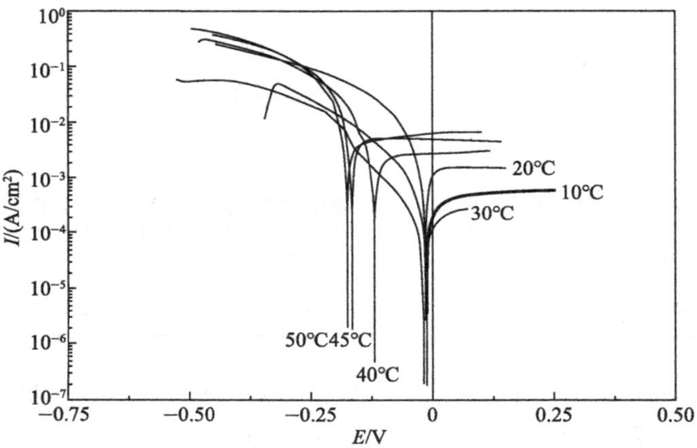

图 2.8 不同温度下 LD10 在硝酸（体积分数 30%）中的极化曲线

通过塔费尔（Tafel）方法拟合，计算出腐蚀电流密度，结果如表 2.6 所示。

表 2.6 不同温度下 LD10 在硝酸（体积分数 30%）中的腐蚀电流密度

温度/℃	10	20	30	40	45	50
i_c/（$\times10^{-4}$A/cm^2）	2.4785	7.4957	20.0990	34.0670	49.9510	61.3440

将材料在 HNO_3 溶液中的腐蚀电流密度与温度数据采用指数增长关系进行拟合，得到如图 2.9 所示关系曲线，其拟合表达式为：

$$i_c = 1.6421\times10^{-4}T^3 + 0.01978T^2 - 0.23342T + 3.5502 \qquad (2.15)$$

可以看出，温度越高，腐蚀反应越强烈，可通过加热来加快反应速率。而实际贮存过程中的腐蚀速率可以通过该拟合表达式计算出来。

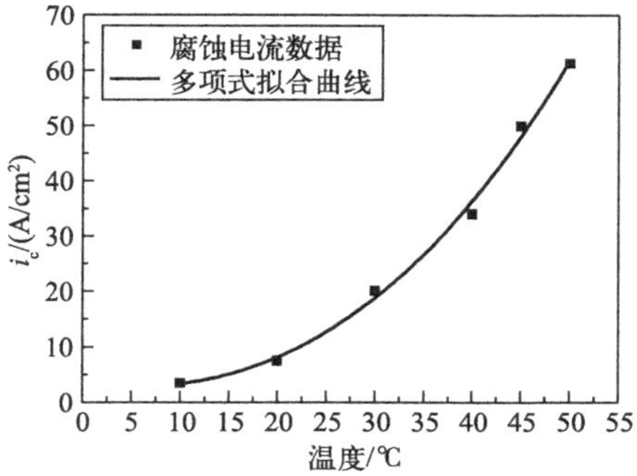

图 2.9 LD10 在硝酸（体积分数 30%）中的腐蚀电流密度与温度的关系

（2）交流阻抗分析

采用 CS350 型电化学工作站的阻抗-频率测试方法进行交流阻抗测试，交流信号激励幅值设置为 5mV，频率设置为初始频率 100kHz，终止频率 0.01Hz，数据分析软件为 ZView2。材料在不同体积分数 HNO_3 溶液中的交流阻抗谱如图 2.10 所示。

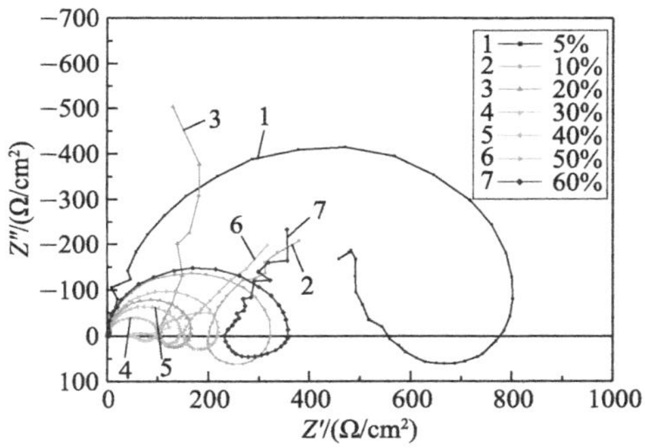

图 2.10 铝合金在不同体积分数 HNO_3 溶液中的交流阻抗谱（20℃）

采用 ZView2 软件对交流阻抗谱曲线进行拟合，得到 LD10 在 HNO_3 溶液中的极化电阻。根据 Stern-Gary 公式，将阳极和阴极的 Tafel 斜率 b_a 和 b_c 及腐蚀电流数据代入，计算出极化曲线动电位扫描法的极化电阻 R_p，与交流阻抗分析结果的极化电阻进行对比，以验证极化曲线测试的腐蚀电流的可靠性，其结果如表 2.7 所示。

表 2.7 不同浓度下极化曲线法与交流阻抗法测量的极化电阻对比

HNO_3 体积分数/%	5	10	20	30	40	50	60
极化曲线测试 R_p / (Ω/cm²)	752.448	314.32	155.86	110.30	135.32	202.96	321.58
交流阻抗测试 R_p / (Ω/cm²)	832.89	343.79	166.65	115.36	146.29	222.91	356.81
误差/%	9.66	8.57	6.47	4.38	7.50	8.95	9.87

由表 2.7 可以看出，交流阻抗测试方法与极化曲线测试的极化电阻相对误差在 10%以内，表明了极化曲线测量结果的可靠性。因此，可采用极化曲线方法获得的腐蚀当量系数进行腐蚀的当量换算。

将交流阻抗法测试的极化电阻值与 HNO_3 体积分数进行多项式拟合，得到图 2.11 所示曲线。极化电阻值与 HNO_3 体积分数的拟合关系为：

$$R_p = -1.7890\times10^4 V_{HNO_3}^3 + 2.3765\times10^4 V_{HNO_3}^2 - 9.1993\times10^3 V_{HNO_3} - 1.1644\times10^3 \tag{2.16}$$

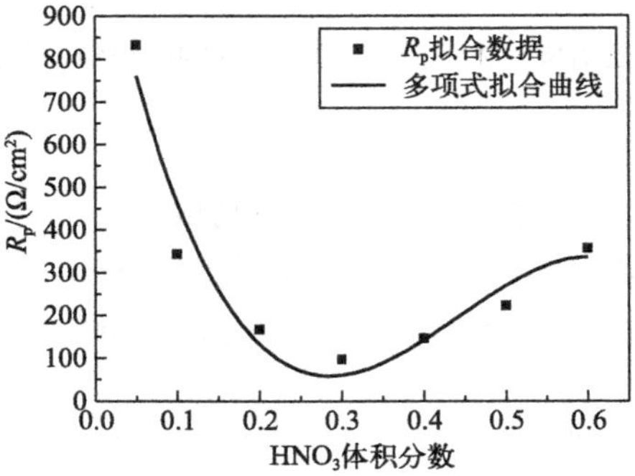

图 2.11　LD10 在 HNO_3 中的极化电阻与 HNO_3 浓度的关系

由图 2.11 可以看出，HNO_3 的体积分数在 30%附近时，腐蚀体系的极化电阻最小，体系的腐蚀反应最为强烈，与极化曲线的测试结果一致。

不同温度下，测得材料在体积分数为 30%的 HNO_3 溶液中的交流阻抗谱如图 2.12 所示，图中对 20℃以上的阻抗弧进行了放大。

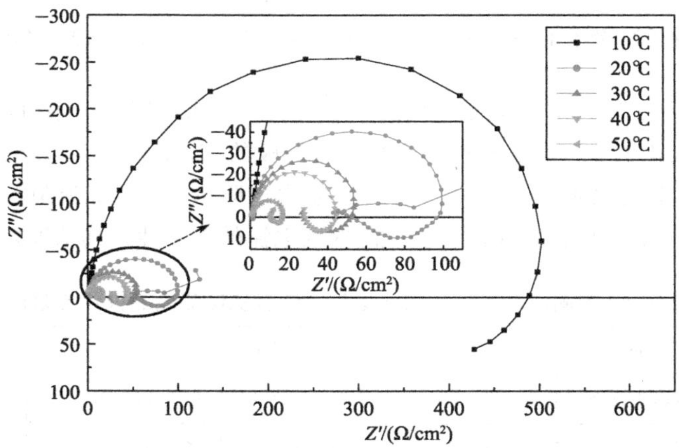

图 2.12　不同温度下 LD10 在 HNO_3（体积分数 30%）中的交流阻抗谱

采用 ZView2 软件对交流阻抗谱曲线进行拟合，得到铝合金在 HNO_3 溶液中的极化电阻。根据 Stern-Gary 公式，计算出极化曲线动电位扫描法的极化电阻 R_p，对两种方法测试的极化电阻进行对比，结果见表 2.8。

表 2.8 不同温度下极化曲线法与交流阻抗法测量的极化电阻对比

温度/℃	10	20	30	40	50
极化曲线测试 R_p / (Ω/cm²)	492.83	110.30	50.232	41.524	18.3205
交流阻抗测试 R_p / (Ω/cm²)	511.32	115.36	53.159	43.224	16.244
误差/%	3.61	4.38	5.51	3.93	12.78

由表 2.8 可以看出，极化曲线测试结果与阻抗测量结果的相关性较好，表明采用腐蚀电流数据来建立加速腐蚀当量关系是可行的。将交流阻抗法测得的极化电阻值与温度数据进行三次多项式拟合，得到图 2.13 所示曲线。

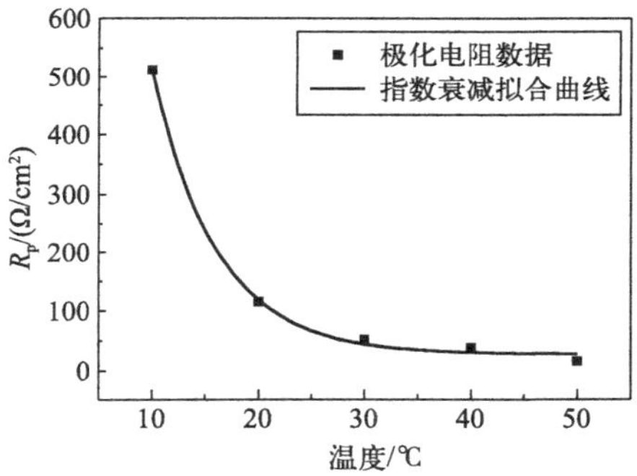

图 2.13 LD10 在硝酸（体积分数 30%）中的极化电阻值与温度的关系

腐蚀体系的极化电阻值随温度的升高而迅速减小，表明升高腐蚀体系的温度可以提高腐蚀反应的速率。极化电阻值与 HNO_3 体积分数的拟合关系为：

$$R_p = 2572.3410e^{-\frac{T}{5.9771}} + 28.2274 \tag{2.17}$$

2.3.3 加速腐蚀当量的确定

根据以上分析，加速腐蚀试验可采用体积分数为 30% 的 HNO_3 溶液作为腐蚀介质，通过腐蚀电流计算不同体积分数 HNO_3 溶液中的腐蚀当量系数，结果如表 2.9 所示。

表 2.9 LD10 在不同体积分数 HNO_3 中的腐蚀当量系数（20℃）

HNO_3 体积分数	5%	10%	20%	30%	40%	50%	60%
当量系数 E_C	0.2186	0.5247	0.8830	1	0.7963	0.6113	0.5122

以体积分数30%的 HNO_3 溶液为当量加速腐蚀条件，根据表2.9，可计算出不同体积分数30%的 HNO_3 溶液下的腐蚀发展情况。

在长期贮存中通过贮箱腐蚀损伤的无损检测获取腐蚀数据，计算得到腐蚀电流密度数据，根据表2.6中的腐蚀电流数据，当量计算贮存环境温度对腐蚀作用的影响，然后计算相对于体积分数30% HNO_3 溶液的腐蚀当量，以LD10材料在当量加速条件下的腐蚀发展规律，可计算未来时间贮箱的腐蚀程度，最终的计算结果用于贮箱的腐蚀剩余寿命预测。根据表2.2 N_2O_4-HNO_3 体系中 HNO_3 的体积分数与 N_2O_4 含水量的对应关系，可大致推算出推进剂中的水分含量，分析推进剂的质量变化情况。

2.3.4 当量加速腐蚀试验

根据上述试验测量的腐蚀当量关系，控制加速试验的条件为：温度20℃，HNO_3 溶液体积分数30%。分别对无加载试件和有加载试件进行加速腐蚀试验，设计腐蚀时间为3～33d，以3d等差分配为一组试验。有加载试件的加载强度设计为30% σ_s、50% σ_s、70% σ_s。腐蚀试验完成后，对腐蚀件进行表面形貌观察、重量测量、厚度测量和力学性能测试，并对比腐蚀试验前后的测量结果。每组试验使用6个平行试件。

2.4 贮箱材料在推进剂中的浸泡腐蚀试验现象观察与分析

2.4.1 腐蚀试验前试件的表面形貌

为了清楚地观察腐蚀前后试件的表面形貌，采用扫描电子显微镜（SEM）进行测试。图2.14为腐蚀试验前LD10试件的SEM扫描结果。

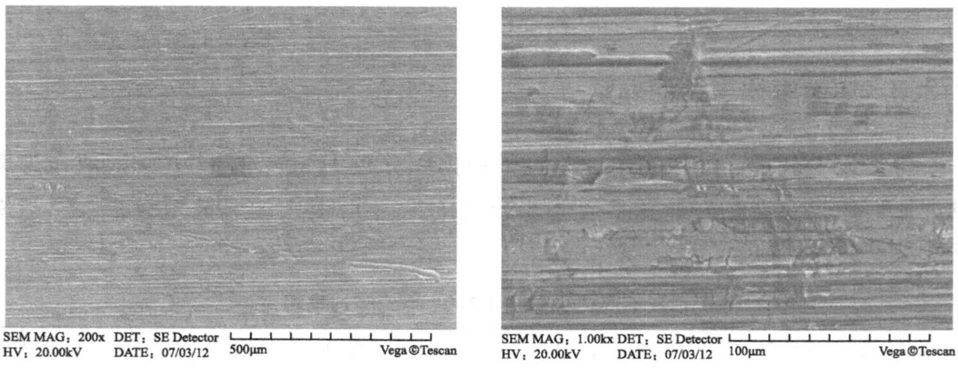

图2.14 腐蚀试验前试件的SEM扫描结果

从图中观察发现：腐蚀试验前试件表面光洁、无杂质、无附着物，可以看到明显的加工切削痕迹。

2.4.2 N_2O_4 浸泡腐蚀试验现象分析

试验完成后从液体 N_2O_4 中取出 LD10 试件，取出时试件表面出现一层“白霜”，但表面光滑，光亮度变暗，无产物生成。由于 N_2O_4 的强挥发性，试验后先将试件放于通风处自然晾干，然后用去离子水冲洗干净，冲洗时发现试件表面有白色烟雾产生，将清洗后的试件放入干燥箱中烘干，温度设定为 105℃，2h 后取出，放室内自然冷却至室温。

N_2O_4 浸泡试件试验后的表面形貌如图 2.15 所示。

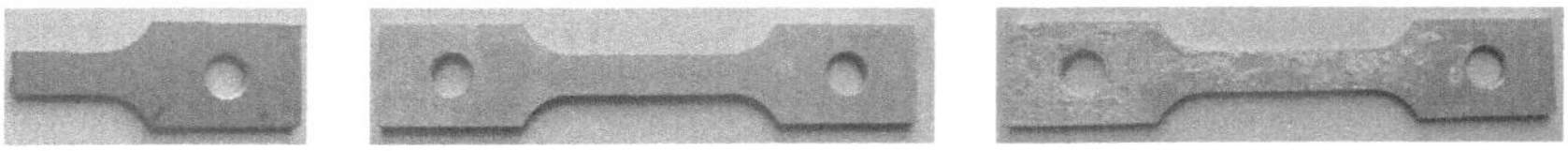

(a) 40d　(b) 80d　(c) 120d

图 2.15 N_2O_4 浸泡试验后试件的表面形貌

从图 2.15 中看出，40d 浸泡后，试件表面光亮度变暗，稍有发黄；80d 浸泡后，试件表面也可看到发黄现象，并出现了一些白色粉末，在液体浸泡端粉末相对较多，粉末疏松，干燥后易脱落；120d 浸泡后，试件表面发黄，白色粉末增多。在粉末脱落的部位可看到试件基体表面，外观与原始材料早期腐蚀试件一样。

对不同浸泡时间的 LD10 试件进行 SEM 测试，如图 2.16 所示。

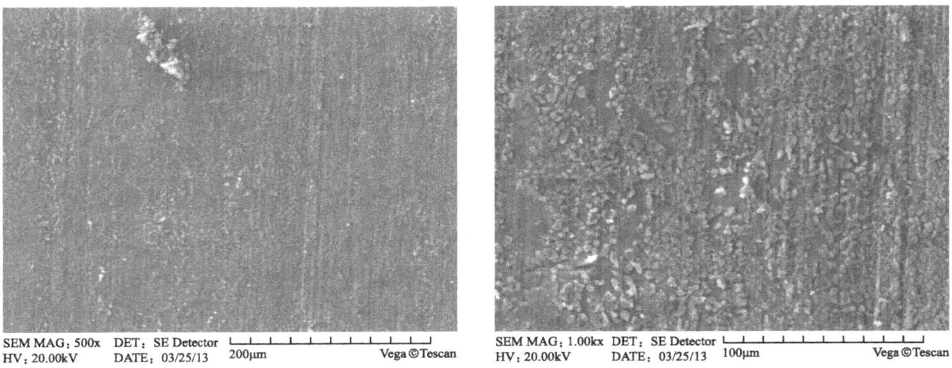

(a) 40d

图 2.16

(b) 80d

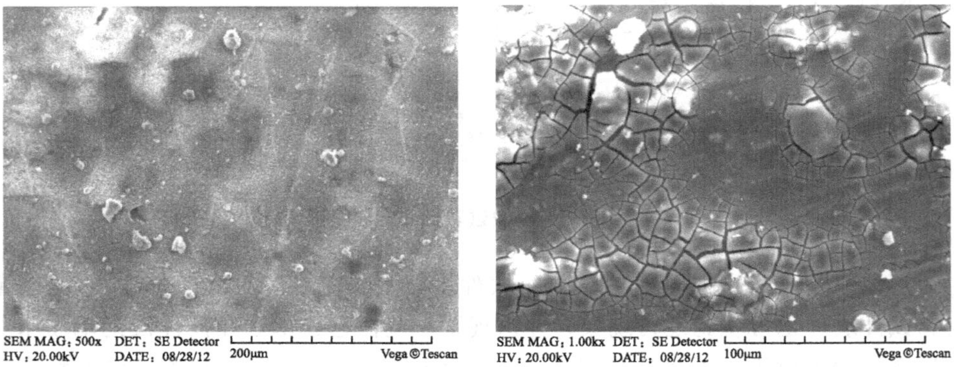

(c) 120d

图 2.16 N_2O_4 浸泡试件腐蚀形貌的 SEM 扫描结果

从图 2.16 中可以看出，较短时间内，试件表面变暗，但表面形貌与试验前一致，放大观察发现表面出现了大量块状物，但试件表面的加工痕迹依然可见，经分析认为表面的产物主要产生于试件取出后的晾干过程中；浸泡 80d 时，试件表面出现了轻微的腐蚀，表面的加工切削痕迹消失，可看到一些腐蚀产物产生，并有裂纹产生；浸泡 120d 时，表面有部分肉眼可见的黄色斑块，分布不均匀，SEM 观察发现表面腐蚀产物较多，局部出现龟裂形貌、起皮、脱落现象。

对浸泡 120d 的试件表面腐蚀产物膜层进行 EDS（X 射线光谱检测）分析，得到图 2.17 所示的谱图。腐蚀产物中主要含有 Al 和 O 元素，两元素的原子百分比分别为 39.69%和 60.31%，可判断白色粉末的主要成分是 Al_2O_3。

经过分析发现腐蚀产物是在下列过程中产生的：一是由试验箱密封不良，水分侵入试验箱所致；二是试验结束后，试件表面上残留的推进剂在晾干和冲洗过程中与水反应生成硝酸，加速了对试件的腐蚀。硝酸对铝合金材料的腐蚀机理已在第 2.2 节中进行了分析，腐蚀产物主要是 $Al(NO_3)_3$ 和 Al_2O_3，而在冲洗过程中，还同时发生了如下反应：

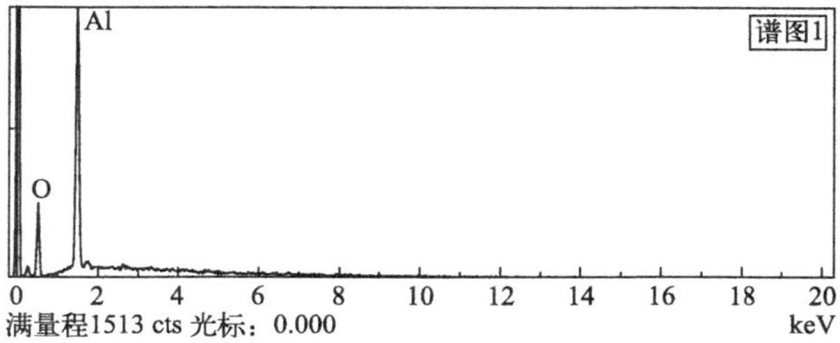

图 2.17　N_2O_4 浸泡 120d 试件表面腐蚀产物的 EDS 分析

$$Al \longrightarrow Al^{3+} + 3e^- \tag{2.18}$$

$$Al^{3+} + H_2O \longrightarrow AlOH^{2+} + H^+ \tag{2.19}$$

$$H^+ + e^- \longrightarrow H \tag{2.20}$$

$$2H_2O + 2e^- \longrightarrow H_2(g) + 2OH^- \tag{2.21}$$

因此，试件腐蚀产物中出现了 $Al(OH)_3$，并在冲洗过程中看到了白色烟雾。而 $Al(OH)_3$ 不稳定，在空气中被氧化，最终产物为 Al_2O_3。

2.4.3　当量加速腐蚀试验试件的表面形貌分析

（1）无加载加速腐蚀试件的表面形貌分析

在当量加速腐蚀条件下试验后，无加载试件的表面形貌如图 2.18 所示。

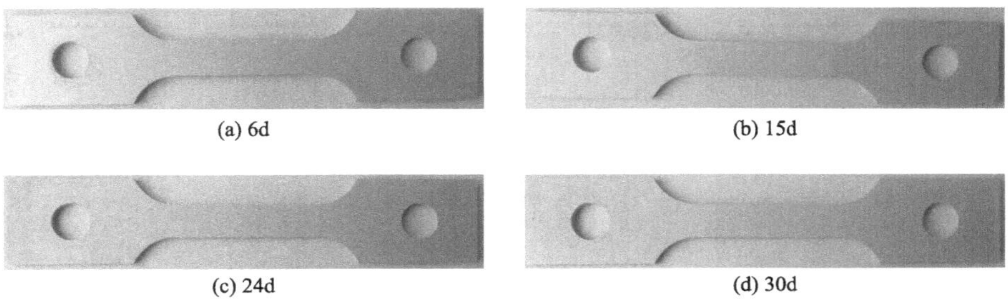

(a) 6d　(b) 15d　(c) 24d　(d) 30d

图 2.18　无加载试件加速腐蚀试验后的表面形貌

由图 2.18 可看出，短时间内试件的表面变化不大，随着腐蚀时间的增加，试件表面的金属光泽逐渐退去，白色产物盐增多，紧密黏附于试件表面，肉眼可观察到试件厚度整体减薄，但看不到腐蚀坑。

图 2.19 为加速腐蚀试验后 LD10 试件的 SEM 图像。为了能够观察和测量试件表面的腐蚀形态，对每一块试件分别扫描 500 倍、1.0k 倍和 3.0k 倍图像，在 3.0k 倍扫描时，将试件倾斜，使扫描电子显微镜的光路与试件表面成 15°夹角。

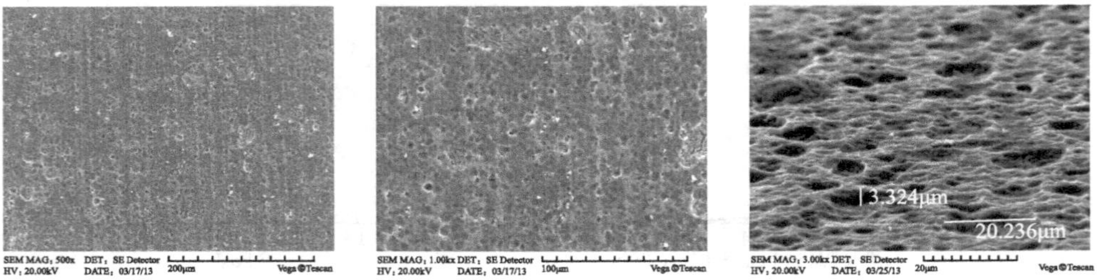

(a) 6d

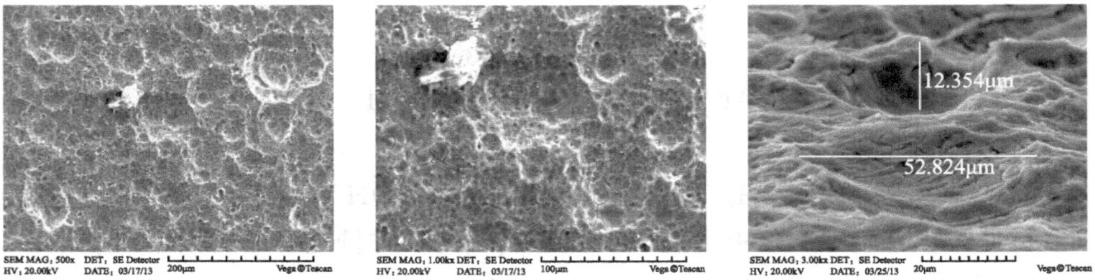

(b) 15d

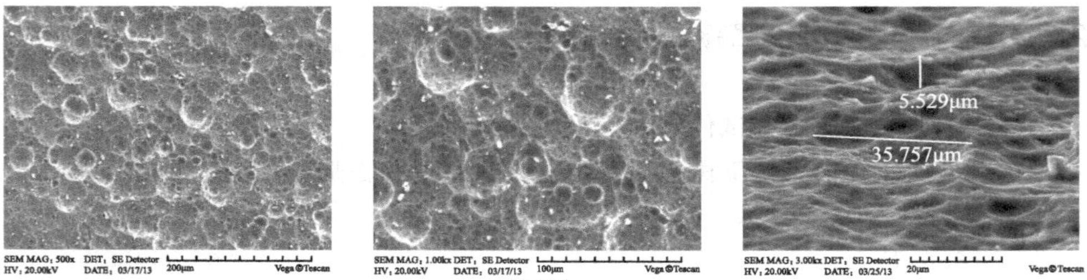

(c) 24d

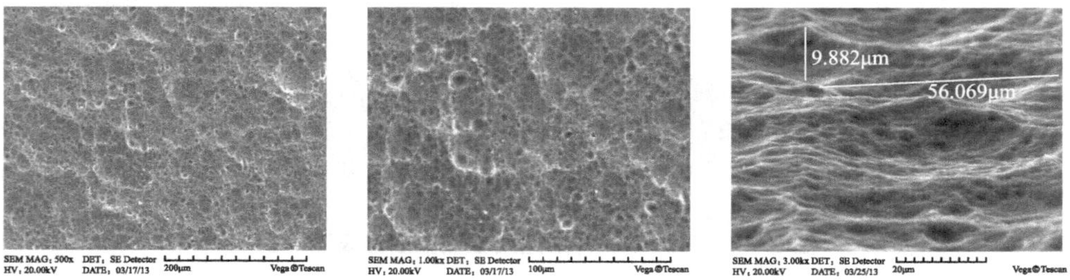

(d) 30d

图 2.19　无加载试件加速腐蚀试验后的 SEM 扫描结果

由图 2.19 可见，腐蚀 6d 后，试件表面出现了点蚀坑，在表面均匀分布且分布密度大，最大蚀坑的直径约为 20.236μm，深度约为 $3.324 \times \sin 15° = 0.8603\mu m$，部分蚀坑边缘有微裂纹产生。腐蚀时间延长至 15d 时，蚀坑的表面积增大，深度增加，相邻蚀坑由于扩展而相互交错结合，形成更大更深的腐蚀坑，形态为球冠形，最大蚀坑直径约为 52.824μm，深度约为 12.354$\times\sin15°=$3.1974μm，蚀坑底部出现了较为明显的微裂纹，类似龟裂，试件表面上可看到腐蚀产物，在蚀坑边缘处，腐蚀产物较多，并且可看到剥蚀层的出现。腐蚀 24d 时，蚀坑的扩展、结合在表面上形成大面积均匀腐蚀，从图中看不到明显的蚀坑，表面裂纹相对减少，蚀坑直径约为 35.757μm，深度约为 5.529$\times\sin15°=$1.4310μm。而在腐蚀 30d 的图像中，表面形貌更平滑，腐蚀产物减少，蚀坑面积增大使表面相对平滑，最大蚀坑直径约为 56.069μm，最大深度约为 9.882$\times\sin15°=$2.5577μm，表明了材料是被均匀腐蚀溶解掉的，微裂纹也比早期腐蚀时的少，主要出现在蚀坑的边缘处。

从腐蚀历程上看，试件在硝酸溶液中的腐蚀现象表现为先发生点蚀和龟裂，但点蚀坑的发展并没有形成孔蚀，而是扩展连接形成大的蚀坑，裂纹出现在剥蚀层的边缘，从裂纹处开始金属被剥蚀。在腐蚀试验初期，由于试件表面有包铝层存在，金属的溶解速率慢，加之包铝层颗粒大，试件在剥蚀过程中产生了较多的龟裂纹。随着腐蚀时间的延长，基体材料暴露在溶液中，材料被侵蚀的速度加快，腐蚀产物量增多、裂纹减少，但蚀坑的大小和深度变化不大。腐蚀的宏观表现为试件的重量减少和厚度均匀减薄。

（2）有加载加速腐蚀试件的表面形貌分析

在当量加速腐蚀条件下试验后，有加载试件试验后的 SEM 扫描结果如图 2.20 所示。可以看出，试件表面上布满了腐蚀坑，蚀坑形状为球冠形，蚀坑的相互结合形成了大的腐蚀坑，但蚀坑深度相比蚀坑直径要小得多，因此蚀坑表面从宏观上看是平整的。对比不同应力下试件的 SEM 扫描图片发现：应力水平越高，表面微裂纹越多，表面腐蚀裂纹一般出现在蚀坑的边缘与底部，表面蚀坑的直径相对较小，表明应力作用下 LD10 材料的剥蚀加剧。

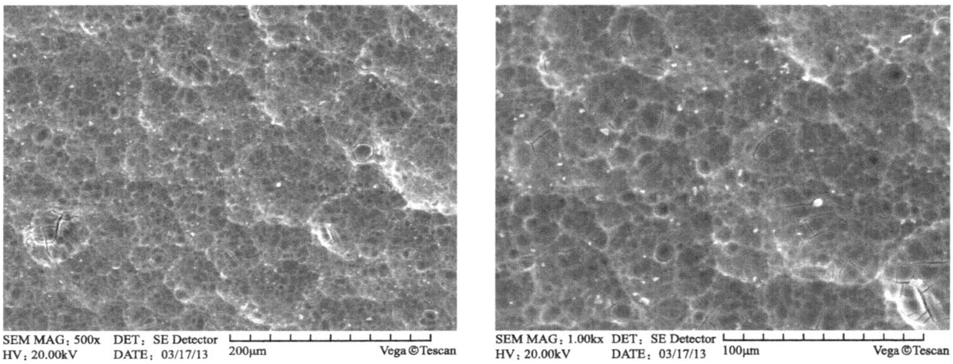

(a) 30%σ_s

图 2.20

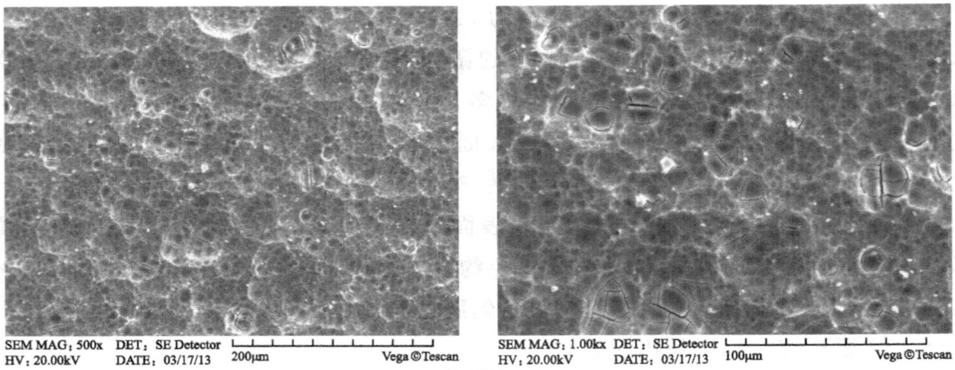

(b) 50%σ_s

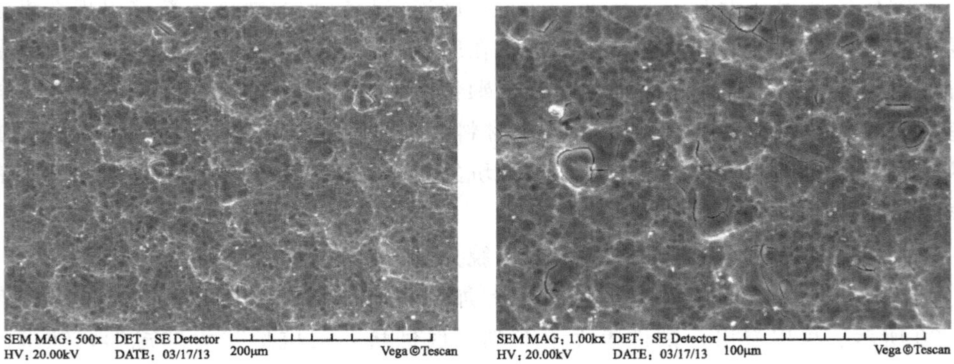

(c) 70%σ_s

图 2.20 有加载试件加速腐蚀试验后的 SEM 扫描结果

2.5 浸泡腐蚀试验数据分析

2.5.1 N_2O_4 浸泡腐蚀试验数据分析

N_2O_4 浸泡试验后，去除试件表面的腐蚀产物，分别采用电子天平（技术指标：210g/0.1mg）和电子数显卡尺（示值误差为 0.03mm，测量重复性为 0.01mm）对试件进行称重测试和厚度测量，结果见表 2.10。

表 2.10 N_2O_4 浸泡试验试件腐蚀失重、厚度变化数据

腐蚀时间/d	平均失重/g	厚度变化/mm	厚度变化率/（mm/d）
40	0.0002	0.0033	8.2500×10^{-5}

续表

腐蚀时间/d	平均失重/g	厚度变化/mm	厚度变化率/(mm/d)
80	0.0166	−0.0033	4.1250×10^{-5}
120	0.0852	−0.0133	1.1083×10^{-4}

由表 2.10 可以看出，LD10 在液态 N_2O_4 中长期浸泡后重量和厚度的变化较小，表明了 N_2O_4 与 LD10 铝合金良好的相容性。

2.5.2 无加载试件加速腐蚀试验后的称重结果分析

浸泡试验后，对无加载试件进行称重，腐蚀试验前后试件的重量变化及腐蚀失重率数据见表 2.11。

表 2.11 当量加速腐蚀试验腐蚀失重数据

腐蚀时间/d	平均失重/g	腐蚀失重/(g/m^2)	腐蚀失重率/[$g/(m^2\cdot h)$]
3	0.0129	4.515671	0.0627
6	0.1404	49.009	0.3403
9	0.3021	105.4665	0.4883
12	0.5427	189.4952	0.6580
15	0.7168	250.2822	0.6952
18	0.8632	301.4083	0.6977
21	0.981	342.516	0.6796
24	1.1036	385.3218	0.6689
27	1.2519	437.089	0.6745
30	1.4172	494.8035	0.6872
33	1.4323	500.0756	0.6314

由表 2.11 可以看出，腐蚀时间越长，腐蚀越严重。通过计算腐蚀率发现，试验早期的腐蚀率较小，腐蚀率逐渐增大至 $0.67g/(m^2\cdot h)$ 附近时发生微小波动，腐蚀反应趋于稳定。结合第 2.4.3 小节分析可知，称重测量结果与 SEM 扫描图像的分析结果一致：由于铝合金试件表面上存在包铝层，包铝层中的 Al_2O_3 一定程度上承担了缓蚀剂的作用，抑制了硝酸对试件的腐蚀，随着腐蚀时间的延长，包铝层逐渐被侵蚀掉，LD10 基体材料暴露在硝酸溶液中，腐蚀速率加快，腐蚀反应趋于稳定，表明 LD10 材料在硝酸中是以恒定腐蚀速率被侵蚀的。

图 2.21 更直观地表明了腐蚀失重和腐蚀失重率的变化趋势。

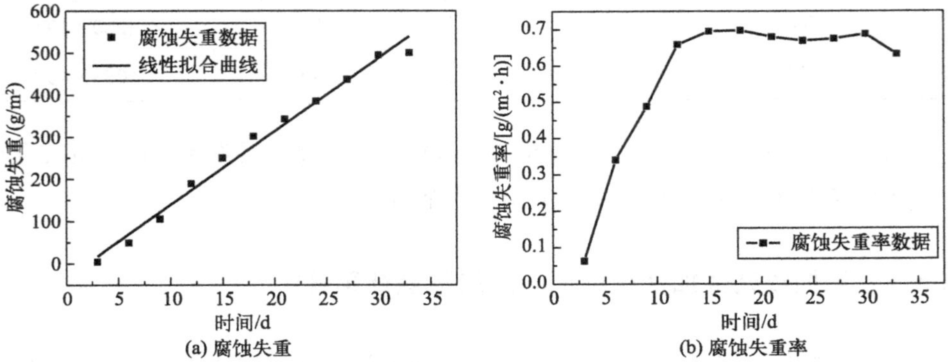

图 2.21　试件腐蚀失重及腐蚀失重率随时间的变化

由图 2.21 可以看出，在试验后期，虽然试件的腐蚀失重依然在增加，但是试件的腐蚀失重率逐渐减小。这是采用了腐蚀试验前的表面积来计算腐蚀失重率的缘故：随着腐蚀过程的延续，金属不断溶解，试件与硝酸的接触面积变小，在相同的腐蚀时间内，金属的损失量减小，以试验前试件表面积来计算，必然导致计算的腐蚀失重率减小，但这个变化较小，对分析结果影响不大。

金属的腐蚀是由阳极溶解造成的，法拉第定律指出，当电流通过电解质溶液时，电极上发生电化学变化的物质的量与电极反应中转移的电荷数成反比，与通过的电量成正比。以 I 表示通过阳极的电流强度，以 I_t 表示时间 t 内通过电极的电量，则金属重量的损失量 Δm 为：

$$\Delta m = \frac{MI_t}{nF} \tag{2.22}$$

式中，M 为 1mol 金属的原子量，g/mol；n 为金属阳离子的价数；F 为法拉第常数，约等于 96494C/mol。

由腐蚀试件的 SEM 扫描结果可看出，LD10 在硝酸中的腐蚀是一种均匀腐蚀，在试验中，试件的阳极面积为整个试件的表面面积 S，腐蚀电流密度为 $i_{corr}=I/S$，若用 v_W 表示重量腐蚀率，则可用称重结果来计算腐蚀电流密度：

$$v_W = \frac{\Delta m}{St} = \frac{Mi_{corr}}{nF} \tag{2.23}$$

LD10 在硝酸中发生反应时的价态为+3，代入称重测试的腐蚀率数据，可计算出腐蚀电流密度为 $i_{corr}=6.1653\times10^{-4}\text{A/cm}^2$，与极化曲线测试结果的误差为 17.57%，验证了极化曲线测试结果的可靠性。

2.5.3 无加载试件加速腐蚀试验的厚度测量结果分析

浸泡试验后，测量无加载试件的厚度。试验前后试件的厚度变化数据见表 2.12。

表 2.12 当量加速腐蚀试验试件厚度变化数据

腐蚀时间/d	厚度变化/mm	厚度变化率/(mm/d)
3	0.0067	2.2222×10^{-3}
6	0.0167	2.7778×10^{-3}
9	0.0500	5.5556×10^{-3}
12	0.1067	8.8889×10^{-3}
15	0.1300	8.6667×10^{-3}
18	0.1700	9.4444×10^{-3}
21	0.1767	8.4127×10^{-3}
24	0.2133	8.8889×10^{-3}
27	0.2300	8.5185×10^{-3}
30	0.2600	8.6667×10^{-3}
33	0.2833	8.5859×10^{-3}

由表 2.12 可以看出，试件的厚度变化与失重变化具有相同的规律，即腐蚀初期试件的厚度损失率由小变大，大约在腐蚀 12d 时，厚度损失率达到稳定值，在 8.61×10^{-3}mm/d 附近波动。试验时试件完全浸入硝酸溶液中，试件两面都受到了介质的侵蚀，在实际的贮箱腐蚀分析时，厚度变化率的值应取本次试验测量值的一半。

根据金属溶解的原理，得到深度法表征的腐蚀速率与腐蚀电流密度的关系为：

$$v_{\mathrm{d}}=\frac{\Delta m}{\rho St}=\frac{Mi_{\mathrm{corr}}}{nF\rho} \tag{2.24}$$

LD10 材料的密度约为 2650kg/m^3，代入各项参数即可算出实验中的腐蚀电流密度约为 $i_{\mathrm{corr}}=8.4846\times10^{-4}$A/cm^2，与极化曲线测试结果的误差为 13.19%，结果表明极化曲线法测试、失重法测试和失厚法测试的腐蚀电流密度具有一致性，验证了电化学测试结果的可靠性。

2.6 腐蚀对结构力学性能的影响

2.6.1 腐蚀件的力学性能测试

使用3件未腐蚀试件进行单向拉伸试验，测试LD10材料的初始弹性模量E、屈服强度σ_s和抗拉强度σ_b。然后分别对N_2O_4浸泡腐蚀、无加载加速腐蚀和有加载加速腐蚀每种条件下取3个试件进行拉伸试验，对比腐蚀对试件力学性能的影响。

(1) N_2O_4浸泡试件的力学性能

表2.13为试件的初始力学性能和N_2O_4浸泡试验后的力学性能测试结果(平均值)。

表2.13 LD10试件的初始力学性能和N_2O_4浸泡试验后的力学性能测试结果

参数	初始力学性能	N_2O_4浸泡试验后		
		40d	80d	120d
屈服强度/MPa	404	403.52	368.29	325.18
抗拉强度/MPa	442	442.17	428.65	386.54
弹性模量/GPa	70.10	70.58	69.24	67.92

表2.13中的测试数据表明，LD10试件在N_2O_4中长期贮存时的腐蚀使材料的力学性能下降。

(2) 无加载加速腐蚀试件的力学性能

表2.14为无加载腐蚀试件的力学性能测试结果(平均值)。

表2.14 无加载LD10试件腐蚀试验后力学性能测试结果

腐蚀时间/d	试验段宽度/mm	屈服强度/MPa	抗拉强度/MPa	弹性模量/GPa
3	7.995	409.72	451.76	74.91
6	7.965	394.17	432.57	71.72
9	7.900	382.24	423.29	70.18
12	7.835	399.35	429.03	71.13
15	7.800	379.66	403.23	69.87
18	7.755	365.24	386.66	68.11
21	7.705	361.57	396.47	70.47
24	7.655	326.52	346.62	71.76

续表

腐蚀时间/d	试验段宽度/mm	屈服强度/MPa	抗拉强度/MPa	弹性模量/GPa
27	7.625	311.12	328.07	69.09
30	7.590	314.05	332.00	66.58
33	7.570	305.86	323.19	68.86

由表 2.14 可以看出，腐蚀试验后，LD10 试件的屈服强度、抗拉强度和弹性模量均有明显下降，强度下降趋势如图 2.22 中直线所示。

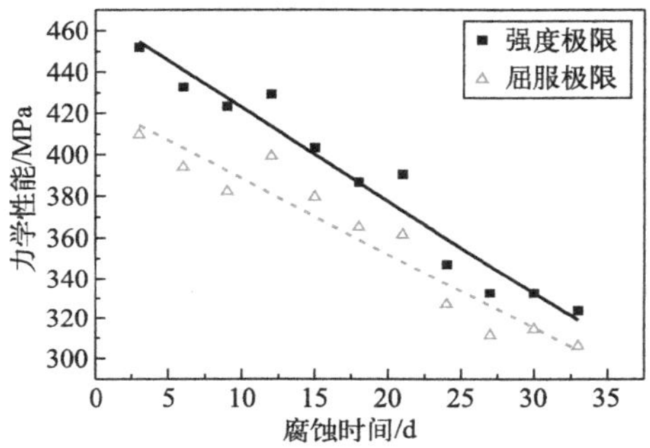

图 2.22 无加载试件腐蚀后的力学性能变化

(3) 有加载加速腐蚀试件的力学性能

有加载试件 24d 加速腐蚀试验后的力学性能测试结果（平均值）如表 2.15 所示，可以看出应力加载下的腐蚀将加速材料力学性能的下降。因此，液体导弹长期贮存时，必须采取无损检测手段掌握贮箱的腐蚀及其扩展状况。

表 2.15 有加载 LD10 试件腐蚀试验后力学性能测试结果

加载应力	屈服强度/MPa	抗拉强度/MPa	弹性模量/GPa
30% σ_s	310.08	333.45	65.51
50% σ_s	308.83	335.37	62.70
70% σ_s	303.56	328.21	60.54

2.6.2 应力腐蚀开裂敏感性分析

金属材料在特定的介质环境中，承受拉应力经过一定时间后产生裂纹及断裂的现象称为应力腐蚀开裂（stress corrosion crack，SCC），应力腐蚀开裂已成为当今工程断裂事故的主要原因[194]。

在进行试件加载加速试验的同时，按照 GJB 8616—2015 中规定的金属材料应力腐蚀开裂敏感性快速评价试验方法，将加载后的试样放置在体积分数为30%的 HNO_3 溶液中，分析其应力腐蚀开裂敏感性。设定试验总周期为 60d，每 3d 进行一次检查，观察裂纹出现的时间或试件断裂的时间。

按照 GJB 8616—2015 中的规定对试验结果进行评定，肉眼观察 LD10 试件在整个试验周期内都未产生裂纹，采取 16 倍放大观察也未发现裂纹。虽然 SEM 观察到有裂纹产生，但裂纹是在腐蚀产物之间形成的，是金属被剥蚀的边缘，基体材料上未观测到裂纹，因此，LD10 试件在液体推进剂中无应力腐蚀开裂现象，材料在硝酸中的腐蚀为表面均匀腐蚀，厚度减薄。

2.7 腐蚀损伤评价指标

腐蚀损伤评价指标是建立损伤状态与贮箱结构性能之间的桥梁，也是描述腐蚀形态特征的重要参数，只有通过评价指标的分类和数值化，才能实现对贮箱剩余强度和剩余寿命的量化评估。腐蚀损伤评价指标的建立要考虑实际的腐蚀形态和腐蚀损伤类型，并选取合适的度量参数[198]。通常用重量测量、失厚测量和孔蚀深度测量来评定腐蚀损伤。

文献[199]提出了两个表征腐蚀损伤的参数：腐蚀损伤平均深度 d_a 和表面腐蚀损伤度 s_c，其中 d_a 是指测量区域内所有蚀坑深度值的平均值，s_c 是测量区域内所有腐蚀坑的平面投影面积之和占整个腐蚀区域面积的百分比。通过这两个参数的大小，可以进行腐蚀类型的判断。表面腐蚀损伤度 s_c 的定义为：

$$s_c=\frac{1}{A}\sum_{i=1}^{n}A_{pi}\times 100(\%) \tag{2.25}$$

式中，n 为腐蚀坑的数目；A_{pi} 为第 i 个蚀坑的平面投影面积；A 为腐蚀区域的表面积。

观察发现，表面损伤度 $s_c<10\%$ 时，腐蚀形貌上显示出点蚀的特征比较突出，而当 $s_c>30\%$ 或超过 50%时，呈现为普遍腐蚀形态，近乎均匀腐蚀或剥蚀。

由腐蚀后试件的 SEM 图像可以看出，LD10 在硝酸中的腐蚀坑遍布试件表面，s_c 远大于 50%，可评定 LD10 在硝酸中的腐蚀为均匀腐蚀。均匀腐蚀也称为全面腐蚀，即材料表面各处的减薄速率相同。因而，采用厚度损失作为贮箱腐蚀损伤的评价指标是适宜的。

从安全学角度分析，全面腐蚀虽然造成了贮箱壁材料的流失，但通常不会造成突发性泄漏、穿孔、贮箱破裂等事故。而在推进剂质量发生变化的部位，推进剂吸湿将形成局部区域的硝酸环境，对其附近的贮箱壁产生腐蚀，在贮箱壁上形成腐蚀坑。腐蚀坑的扩展容易引起贮箱穿孔、破裂等事故，因此应当将贮箱内推进剂质量发生变化的部位作为系统安全的短板。蚀坑形态的演化表现为横向上的变大和纵向上的加深，因此，可将腐蚀损伤深度和腐蚀面积作为评价单个腐蚀损伤的指标，蚀坑深度和大小的变化对应着贮箱壁厚的损失，与贮箱材料均匀腐蚀的发展过程相关。

试验结果表明，腐蚀将使材料的力学性能下降，因此，必须对长期加注推进剂下贮箱的腐蚀损伤进行检测，掌握其演化状况，以确保导弹弹体结构能够满足使用条件要求。对贮箱进行无损检测时，以腐蚀坑的大小和剩余壁厚作为腐蚀损伤的特征参数。

3

贮箱腐蚀损伤的热波检测理论基础及应用可行性分析

红外热波检测方法是在被检测对象表面施加不同形式的热激励，根据表面温度场的变化差异来判断被检测对象内部的结构信息，具有检测速度快、效率高，观测面积大、便于在线在役检测等优点，因此，将红外热波技术引入贮箱腐蚀损伤的检测。本章将基于热传导理论研究热波在材料内部的传导规律，通过对导热微分方程进行分析、简化、求解，获取损伤对应表面的温度场数学表达式，采用有限元数值仿真技术分析热波检测贮箱腐蚀损伤的可行性，并对热激励源参数进行优化分析，系统研究影响热波检测的各种因素。

3.1 热波检测中的热传导理论

热传导（简称导热）是物体间热量传递的三种形式之一，是在温度差的作用下依靠物质微粒（分子、原子和自由电子等）的运动（移动、振动和转动等）进行的能量传递，与物体内的温度场（或温度分布）密切相关。由普朗克定律可知，温度场的空间和时间信息是可以被测量的，如果能够掌握温度分布并能准确测量，就可以反推材料内部的信息及结构参数。

为了确定热波在固体内传导引起的温度场分布，通过微分方程来建立材料物理性质参数和热波之间的关系[64]。建立导热微分方程的微元体如图 3.1 所示。

考虑在单位体积 dV 和单位时间 dt 内，数学意义上可认为是无限小量，进行如下假设：①材料结构是连续和均匀的；②物理性质参数密度 ρ、比热容 c、热导率 λ 均为常数，不随温度发生变化；③不考虑物体受温度变化导致的材料几何尺寸的变化；④如果有内热源，内热源是均匀分布的。

假设热传导的能量为 $d\Psi_t$，内热源产生的能量 $d\Psi_i$，单位时间内 dt 单元体

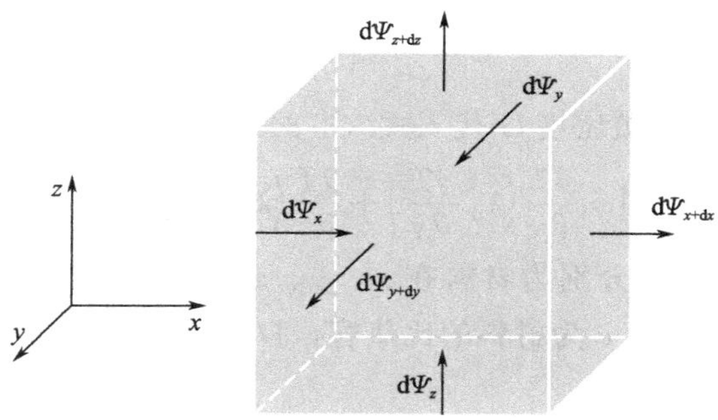

图 3.1 微元体的导热分析

积 dV 的内能变化为 $d\Psi_{int}$，在单位体积 dV 内利用能量守恒定律得：

$$d\Psi_t + d\Psi_i = d\Psi_{int} \tag{3.1}$$

以 $d\Psi_x$、$d\Psi_y$、$d\Psi_z$ 记作单位时间内进入单位体积元的能量，以 $d\Psi_{x+dx}$、$d\Psi_{y+dy}$、$d\Psi_{z+dz}$ 作为单位时间内流出体积元的能量。以 x 方向为例，单位体积 dV 在单位时间 dt 内沿 x 轴的能量可写为：

$$d\Psi_{tx} = d\Psi_x - d\Psi_{x+dx} = U_x dy dz dt - U_{x+dx} dy dz dt \tag{3.2}$$

式中，U_x 为 x 方向的热流密度分量。

由于函数的连续性，U_{x+dx} 可以用泰勒公式展开：

$$U_{x+dx} = U_x + \frac{\partial U_x}{\partial x}dx + \frac{\partial^2 U_x}{\partial x^2} \times \frac{dx^2}{2!} + \cdots + \frac{\partial^n U_x}{\partial x^n} \times \frac{dx^n}{n!} \approx U_x + \frac{\partial U_x}{\partial x}dx \tag{3.3}$$

联合式（3.2）和式（3.3），可以得到（忽略高次项）：

$$d\Psi_{tx} = d\Psi_x - d\Psi_{x+dx} = -\frac{\partial U_x}{\partial x}dx dy dz \tag{3.4}$$

同理，y 和 z 两个方向的热量也可以按照公式（3.4）处理，因而可以得到单元体积内传输的总能量为：

$$d\Psi_t = -\left(\frac{\partial U_x}{\partial x} + \frac{\partial U_y}{\partial y} + \frac{\partial U_z}{\partial z}\right)dx dy dz \tag{3.5}$$

如物体内部有内热源，设 U_s 为生热率，则单位时间、单元体积内的生热能量为：

$$d\Psi_i = U_s dV dt = U_s dx dy dz dt \tag{3.6}$$

单元体内的内能变化为：

$$d\Psi_{int} = c\,dm \frac{\partial T}{\partial t}dt = \rho C \frac{\partial T}{\partial t}dV dt = \rho c \frac{\partial T}{\partial t}dx dy dz dt \tag{3.7}$$

将式（3.5）、式（3.6）和式（3.7）代入式（3.1）中，简化之后可得：

$$-\left(\frac{\partial U_x}{\partial x} + \frac{\partial U_y}{\partial y} + \frac{\partial U_z}{\partial z}\right) + U_s = \rho c \frac{\partial T}{\partial t} \tag{3.8}$$

根据傅里叶热传导定律：

$$U=-\lambda\left(\frac{\partial T}{\partial n}\boldsymbol{n}\right) \tag{3.9}$$

并把各个方向的热流密度U代入式（3.8）中，有：

$$\frac{\partial T}{\partial x}\left(\lambda_x\frac{\partial T}{\partial x}\right)+\frac{\partial T}{\partial y}\left(\lambda_y\frac{\partial T}{\partial y}\right)+\frac{\partial T}{\partial z}\left(\lambda_z\frac{\partial T}{\partial z}\right)+U_s=\rho c\frac{\partial T}{\partial t} \tag{3.10}$$

式中，λ_x、λ_y、λ_z分别为材料在x、y、z方向的热导率，W/(m·K)；ρ为材料的密度，kg/m^3；c为材料的比热容，J/(kg·K)；t为时间，s；U_s为均匀内热源的生热率，J/s。

上式是三维热传导的热量平衡微分方程。等式左边第1、2、3项分别是x、y、z方向传入单元体内的热量，第4项是单元体内热源产生的热量，等式右边表示单元体内能的增加。上述微分方程表明：微元体内能的增加与传入微元体的热量以及微元体内热源产生的热量平衡。

由于金属材料是各向同性均质材料，在无内热源的情况下，其导热微分方程近似为一维方程，表示为：

$$\alpha\frac{\partial^2 T(x,t)}{\partial x^2}=\frac{\partial T(x,t)}{\partial t} \tag{3.11}$$

式中，α为材料的热扩散率，m^2/s，$\alpha=\lambda/(\rho c)$。

3.2 不同热激励源方式在腐蚀检测中的热传导分析

3.2.1 脉冲热激励方式的热传导分析

脉冲热激励红外热波（pulsed thermal，PT）方法通过对被检测对象主动施加可控的脉冲热激励，使材料内部损伤以表面温度变化差异的形式被表现出来，采用红外热像仪连续观测和记录到的物体表面的温度场云图序列，经过分析和处理后实现对物体内部损伤的检测和定量识别。脉冲红外热波检测的原理如图3.2所示。

一套完整的红外热波检测系统主要包括三个部分：热激励源、红外成像设备、计算机控制与处理系统。其中，热激励源是关键，产生热波并传输到被检测对象表面，用于激发材料内部的损伤信息；红外热像仪是核心设备，监测样品表面的温度分布并记录数据；计算机的功能是控制热激励源和热像仪，调整热激励参数和采集频率等，同时对热像仪采集的温度数据进行处理和分析，实现对损伤的定量识别等。

（1）半无限大平板结构瞬态脉冲激励下的导热分析

脉冲热激励利用高能闪光灯对样本表面施加脉冲热流，可以把脉冲的能量记为：

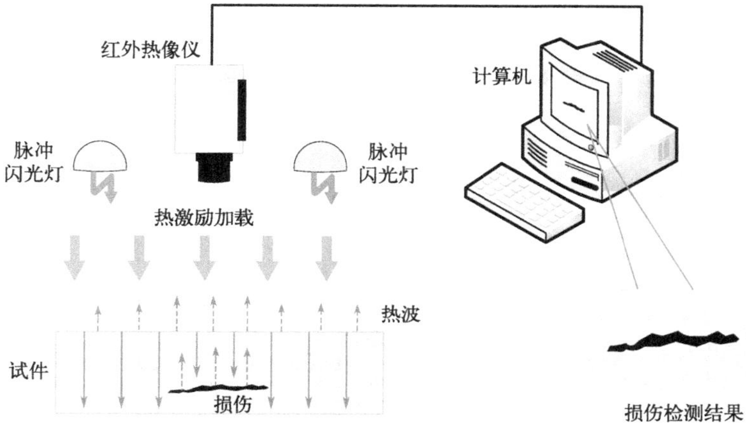

图 3.2　脉冲红外热波检测原理图

$$q=q_0\delta(x)\delta(t) \tag{3.12}$$

式中，q 为施加热流；q_0 为由设备限定的输入热流的最大值；$\delta(x)$、$\delta(t)$ 分别为单位脉冲函数，又称为 Dirac 函数。

$$\int_{-\infty}^{+\infty}\delta(t)=1 \quad 且\ t\neq 0,\ \delta(t)=0 \tag{3.13}$$

脉冲热激励时的边界条件为：

初始条件：$T(x,0)=T_0$。

边界条件：$-\lambda\left.\frac{\partial T}{\partial x}\right|_{x=0}=q\,|_{x=0}=q_0\delta\ (t)$；忽略表面的对流换热，即 $\left.\frac{\partial T}{\partial x}\right|_{x=l}=0$。

为便于求解，引入拉普拉斯变换的概念，记温度 $T(x,t)$ 的拉普拉斯变换为 $S=S(x,\xi)$，对公式（3.11）两边进行拉普拉斯变换，可得：

$$\xi S(x,\ \xi)-T(x,\ 0)=\alpha\frac{\mathrm{d}^2S(x,\xi)}{\mathrm{d}x^2} \tag{3.14}$$

根据常微分方程的通解，可解得式（3.14）的通解为：

$$S(x,\xi)=A(\xi)\mathrm{e}^{-\sqrt{\frac{\xi}{\alpha}}x}+B(\xi)\mathrm{e}^{\sqrt{\frac{\xi}{\alpha}}x}+S_0(\xi) \tag{3.15}$$

式中，函数 $A(\xi)$、$B(\xi)$ 可由边界条件计算得出。$S_0(\xi)$ 是方程式（3.14）的特解，可由初始条件来确定：

$$T(x,0)=T_0\Rightarrow S_0(\xi)=\frac{T_0}{\xi} \tag{3.16}$$

在无限远处，物体的温度为初始值 $T(\infty,t)=T_0$，用数学表达式可表示为：

$$\forall t,x\rightarrow\infty,T(\infty,t)=T_0\Rightarrow\forall\xi,S(\infty,\xi)=\frac{T_0}{\xi} \tag{3.17}$$

因此可推得：

$$S(\infty,\xi)=S_0(\xi)\Rightarrow S(\infty,\xi)-S_0(\xi)=0\Rightarrow B(\xi)=0 \tag{3.18}$$

公式（3.15）可写为：

$$S(x,\xi)=A(\xi)\mathrm{e}^{-x\sqrt{\frac{\xi}{\alpha}}}+\frac{T_0}{\xi} \tag{3.19}$$

对公式（3.19）进行求导：

$$\frac{\partial S}{\partial x}=-\sqrt{\frac{\xi}{\alpha}}A(\xi)\mathrm{e}^{-x\sqrt{\frac{\xi}{\alpha}}} \tag{3.20}$$

其中，$A(\xi)$ 由边界条件 $-\lambda\left.\frac{\partial T}{\partial x}\right|_{x=0}=q$ 求得：

$$-\lambda\left.\frac{\partial S}{\partial x}\right|_{x=0}=S\left[q_0\delta(t)\right]\Rightarrow\lambda\sqrt{\frac{\xi}{\alpha}}A(\xi)=q_0\Rightarrow A(\xi)=\frac{q_0}{\lambda}\sqrt{\frac{\alpha}{\xi}} \tag{3.21}$$

将其代入公式（3.19）得：

$$S(x,\xi)=\frac{q_0}{\lambda}\sqrt{\frac{\alpha}{\xi}}\mathrm{e}^{-\sqrt{\frac{\xi}{\alpha}}x}+\frac{T_0}{\xi} \tag{3.22}$$

对公式（3.22）进行拉普拉斯反变换：

$$T(x,t)-T_0=S^{-1}\left(\frac{q_0}{\lambda}\sqrt{\frac{\alpha}{\xi}}\mathrm{e}^{-\sqrt{\frac{\xi}{\alpha}}x}\right)=\frac{q_0}{\sqrt{\pi\rho c\lambda t}}\mathrm{e}^{-\frac{x^2}{4\alpha t}} \tag{3.23}$$

因此，样本任意位置的温度变化为：

$$T(x,t)=T_0+\frac{q_0}{\sqrt{\pi\rho c\lambda t}}\mathrm{e}^{-\frac{x^2}{4\alpha t}} \tag{3.24}$$

对 $T(x,t)$ 求导，可得 $x=x_0$ 位置的温度在 $t=\frac{x_0{}^2}{2\alpha}$ 时达到最大。

而试件的表面温度变化为：

$$T(0,t)=T_0+\frac{q_0}{\sqrt{\pi\rho c\lambda t}} \tag{3.25}$$

（2）含腐蚀损伤半无限大平板的脉冲热波检测表面温度场分析

由第 2 章分析可知，推进剂对贮箱的腐蚀结果为壁厚局部减薄，或形成蚀坑。为了方便分析热波检测的原理，将腐蚀损伤形态描述为圆形，腐蚀坑处的截面如图 3.3 所示。其中 δ 为贮箱壁厚，D 为腐蚀坑直径，d 为腐蚀坑深度，h 为剩余壁厚（通常在检测技术领域将 h 描述为损伤深度，即损伤距离表面的深度）。

采用脉冲热激励方式进行加热，针对半无限大平板结构，含损伤结构的数学模型可简化为一维模型（见图 3.3），若不考虑热在材料内部的损失，则腐蚀损伤与材料界面边界条件满足温度连续和能量守恒：

$$T_{\mathrm{s}}=T_{\mathrm{d}}=T_{\mathrm{h}} \tag{3.26}$$

$$\lambda_{\mathrm{s}}\left(\frac{\partial T_{\mathrm{s}}}{\partial x}\right)_{\mathrm{s}}=\lambda_{\mathrm{d}}\left(\frac{\partial T_{\mathrm{d}}}{\partial x}\right)_{\mathrm{d}} \tag{3.27}$$

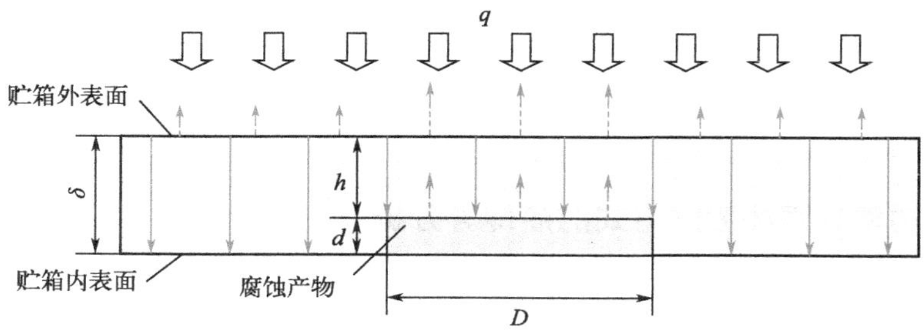

图 3.3　贮箱内腐蚀损伤形态模型及其热波检测原理

式中，下标 s 和 d 分别代表正常区域与损伤的交界面（s 代表正常区域界面，d 代表损伤界面）。

对于没有损伤的区域，按照半无限大结构的热传导进行分析，其表面温度变化可用式（3.25）表示。如果存在损伤，可以按照热波的概念去理解：当热波传输到损伤表面时，热波将受到损伤表面的影响，其中一部分热波将会反射回去，继续向着相反方向传播，进而传播到材料表面再次反射，然后按照相同的传播规律周期地反射直至衰减完毕。因此，损伤处的表面温度包括两部分：一部分是按照半无限大区域对应的表面温度衰减部分，另一部分是经过损伤表面不断反射累加的部分，两部分就构成了损伤处的表面温度场的分布。在这里，假定损伤界面对于热波的反射系数为 r，则反射回来的热波应为表面热波经过了 $2h$、$4h$、$6h \cdots 2nh$ 等距离衰减后的累积值：

$$T_{\text{reflect}}(0,t)=\sum_{n=1}^{\infty} r^n \frac{q_0}{\sqrt{\pi\rho c\lambda t}} e^{-\frac{(2nh)^2}{4at}} \tag{3.28}$$

则表面的温度分布为：

$$T(0,t)=T_0+\frac{q_0}{\sqrt{\pi\rho c\lambda t}}+\sum_{n=1}^{\infty} r^n \frac{q_0}{\sqrt{\pi\rho c\lambda t}} e^{-\frac{(2nh)^2}{4at}} \tag{3.29}$$

由于热波的高衰减性，可以忽略高次衰减，同时损伤界面对热波的反射系数为 $r=\frac{e_1-e_2}{e_1+e_2}$，$e_1$ 和 e_2 分别表示贮箱材料和内部介质的热发射系数[144]，易知反射系数 r 是常数，由此可得：

$$T(0,t)=T_0+\frac{q_0}{\sqrt{\pi\rho c\lambda t}}\left(1+r e^{-\frac{h^2}{at}}\right) \tag{3.30}$$

表面温度升值为：

$$T(t)=T(0,t)-T_0=\frac{q_0}{\sqrt{\pi\rho c\lambda t}}\left(1+r e^{-\frac{h^2}{at}}\right) \tag{3.31}$$

为简化计算，近似认为损伤对热波的反射系数为常数 1（即全反射），可得：

$$T(0,t)=T_0+\frac{q_0}{\sqrt{\pi\rho c\lambda t}}\left(1+e^{-\frac{h^2}{at}}\right) \tag{3.32}$$

因此，有损伤区域与无损伤区域的温差为：

$$\Delta T=\frac{q_0}{\sqrt{\pi\rho c\lambda t}}\mathrm{e}^{-\frac{h^2}{\alpha t}} \tag{3.33}$$

3.2.2 功率超声热激励方式的热传导分析

功率超声热波（ultrasonic thermal，UT）方法是一种将超声波能量作为热激励源的热波检测方法，通过超声波与损伤（界面贴合型）之间的相互作用，引起损伤界面的相互摩擦，将超声波的机械能转化成为热能，导致损伤处局部温度升高，利用红外热像仪的监测就可以显示出损伤的位置和大小。

超声红外热波技术的检测原理如图 3.4 所示。超声加热方法克服了脉冲加热方法的许多缺点，它只对缺陷加热，可得到较高的相对热信号水平，不需要考虑加热非均匀问题，这在脉冲热成像系统中是无法实现的。但是，到目前为止，对超声波引起的局部发热仍然未能定量地计算和解释。

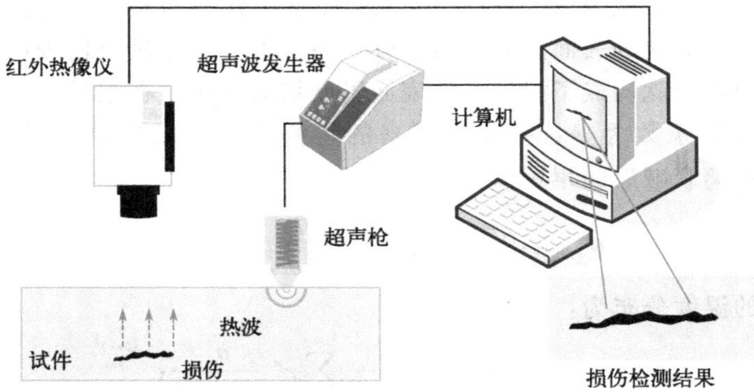

图 3.4 超声红外热波检测原理图

(1) 超声波引起腐蚀损伤处生热的机理

超声热波方法将超声热激励能转化为热能而被热像仪观测到，在超声波激励构件过程中，构件内部界面贴合型损伤界面间发生接触碰撞，界面质点间的摩擦作用使超声波机械能转化成热能，因此采用接触动力学理论分析损伤处的生热现象。

发生接触-碰撞的损伤部位为多自由度的振动系统，在超声波激励下受迫振动的控制方程为：

$$\boldsymbol{M}\frac{\mathrm{d}^2\boldsymbol{E}}{\mathrm{d}t^2}+\boldsymbol{C}\frac{\mathrm{d}\boldsymbol{E}}{\mathrm{d}t}+\boldsymbol{KE}=\boldsymbol{F}+\boldsymbol{R} \tag{3.34}$$

式中，$\boldsymbol{E}$ 为节点位移矩阵，m；$\boldsymbol{M}$ 为质量矩阵，kg；$\boldsymbol{C}$ 为阻尼矩阵，kg/s；

$\boldsymbol{K}$ 为刚度矩阵，kg/s^2；$\boldsymbol{F}$ 为超声波引起的外载荷矩阵，N；$\boldsymbol{R}$ 为损伤界面接触力矩阵，N。将接触界面视为边界，其边界条件为未知，且随接触变形而改变，因此损伤界面接触力是位移的函数。$\boldsymbol{R}$ 可分解为法向接触力 R_N 和切向摩擦力 R_T。

两物体接触的几何关系如图 3.5 所示。

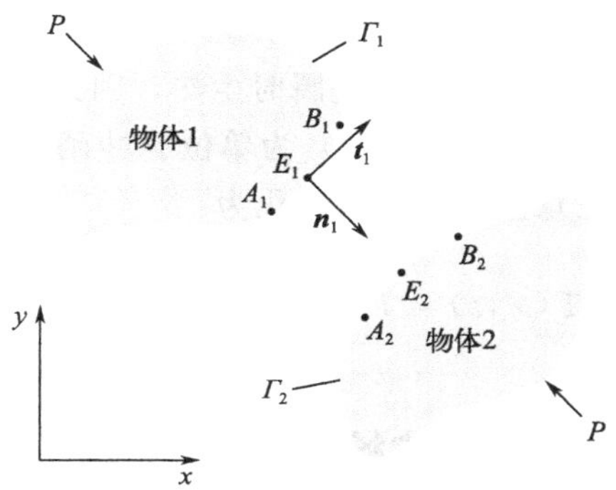

图 3.5 两物体接触的几何关系示意图

图 3.5 中两物体的边界分别为 Γ_1 和 Γ_2，在外力 P 的作用下发生局部接触（Γ_1 的 A_1B_1 段与 Γ_2 的 A_2B_2 段接触）。E_1 和 E_2 分别为两接触段上的某一接触点对，接触面的法线方向矢量为 $\boldsymbol{n}_1$，切线方向矢量为 $\boldsymbol{t}_1$。

分析物体的接触状态可知，构件损伤部位接触面在超声激励下会出现分离、黏合及滑移等三种接触状态，只有当损伤接触面出现相对滑动，处于滑移状态时，才能在摩擦作用下产生热流。

摩擦力有静摩擦力和动摩擦力两种，接触点对处于滑动摩擦时，

$$R_T(E,t)=\pm\mu_d R_N(E,t) \tag{3.35}$$

接触点对处于静摩擦时，

$$|R_T(E,t)|\leqslant\mu_s R_N(E,t) \tag{3.36}$$

式中，$R_N(E,t)$ 和 $R_T(E,t)$ 分别为 t 时刻物体上 E 点的法向接触力和切向摩擦力；μ_d 和 μ_s 分别为滑动摩擦系数和静摩擦系数。

一般地，静摩擦系数 μ_s 比动摩擦系数 μ_d 大，从而使得接触面由黏合状态转化为滑移状态时摩擦力有突变，为了平滑摩擦力变化，采用摩擦系数 μ 取代以上各式中的动、静摩擦系数：

$$\mu=\mu_d+(\mu_s-\mu_d)e^{-\beta|\upsilon|} \tag{3.37}$$

式中，β 为动静摩擦转化系数；υ 为滑动率。

（2）超声激励下的热流密度及表面温度场分析

由热力学第一定律可知，损伤接触面在动摩擦力作用下摩擦产生热量，其热

流密度为：

$$q(t)=\gamma R_{\mathrm{T}}(t)v_{\mathrm{T}}(t) \tag{3.38}$$

式中，γ 为摩擦机械能转化为热能的比例系数；$R_{\mathrm{T}}(t)$ 为切向摩擦力，N；$v_{\mathrm{T}}(t)$ 为接触点的切向相对速度差，m/s。

将式（3.35）、式（3.37）代入式（3.38）可得：

$$q(t)=\gamma\left[\mu_{\mathrm{d}}+(\mu_{\mathrm{s}}-\mu_{\mathrm{d}})\mathrm{e}^{-\beta|v|}\right]R_{\mathrm{N}}(t)v_{\mathrm{T}}(t) \tag{3.39}$$

由于超声波的激励时间短，一般仅为 0.05～0.2s，相对于整个检测过程（时间一般为 180～300s），损伤处可认为是瞬时生热，因此，把超声激励的生热量记为一个单位脉冲 $q=q_0\delta(t)$，其中 $\delta(t)$ 为单位脉冲函数，按脉冲热激励方式下的计算方法，求得构件任意位置的温度变化为：

$$T(x,t)=T_0+\frac{q_0}{\sqrt{\pi\rho c\lambda t}}\mathrm{e}^{-\frac{(x-x_0)^2}{4at}} \tag{3.40}$$

3.3 贮箱腐蚀损伤的热波检测数值仿真及可行性分析

由于热波在材料内部的传导满足三维导热微分方程，再加上被检测对象复杂的几何结构和边界条件，往往难以求得其解析解，而数值分析方法为解决这类复杂问题提供了有效手段。下面基于有限元理论建立含腐蚀损伤的贮箱结构模型，分别采用脉冲热波和超声热波方法进行检测过程的仿真，分析贮箱腐蚀损伤热波检测的可行性。

虽然腐蚀试验结果表明 LD10 在 N_2O_4 中无应力腐蚀开裂敏感性，但在潮湿的大气环境里，铝合金具有应力腐蚀开裂倾向，尤其是在有 Cl 存在时，铝合金材料更容易产生点腐蚀，继而形成应力腐蚀裂纹[200-203]。因此，长期贮存中，贮箱结构的外表面可能产生应力腐蚀裂纹，将应力腐蚀裂纹也作为热波检测的研究内容。

3.3.1 贮箱腐蚀损伤的热波检测数值仿真

（1）含腐蚀损伤的贮箱结构模型

根据贮箱腐蚀的特点，建立含腐蚀损伤的贮箱数学模型如图 3.6（a）所示，其尺寸为 200mm×200mm×5mm，内表面分布有圆形蚀坑、球冠形蚀坑和 2 条应力腐蚀裂纹。腐蚀损伤形式如图 3.6（b）中的蚀坑和裂纹截面图所示，其中圆形蚀坑的直径为 20mm，坑深 2mm；球冠形蚀坑的拱底圆直径为 20mm，拱深为 2mm；裂纹的尺寸为：长 5mm，宽 10μm，深 2mm。铝合金材料的热物理参数[204]为：密度 2610 kg/m^3，比热容 904J/(kg·℃)，热导率为 10^7W/(m·℃)。

采用脉冲热波方法进行检测时，网格单元采用 DC3D8 八节点线性传热六面体单元，使计算模型中节点较少，并具有比四面体单元高的计算精度。网格划分采用扫掠方法，以保证划分的网格在厚度方向上比较均匀，减少由网格自身不均匀导致的计算误差，单元总数为 19798 个，其中厚度方向划分单元数为 5 个。采用超声热波方法进行检测时，采用 C3D8RT 八节点力-热耦合六面体单元（三向线性位移，三向线性温度，减缩积分，沙漏控制）对试件划分网格，并在损伤界面上覆盖面-面接触单元（模拟损伤表面的接触-碰撞及摩擦生热）。网格划分结果如图 3.7 所示。

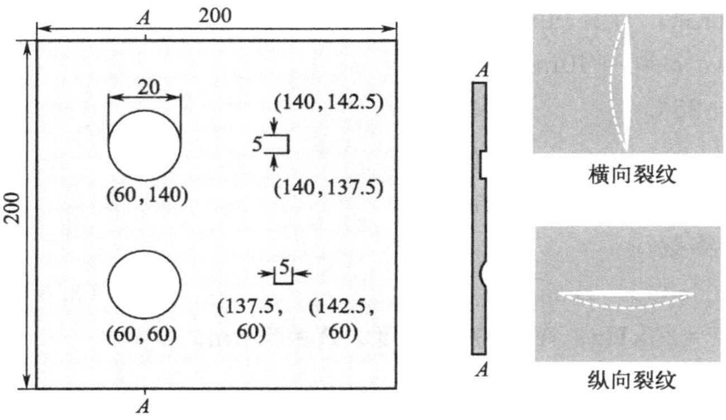

(a) 平面图(单位：mm)　(b) 截面图

图 3.6　含腐蚀损伤的结构模型

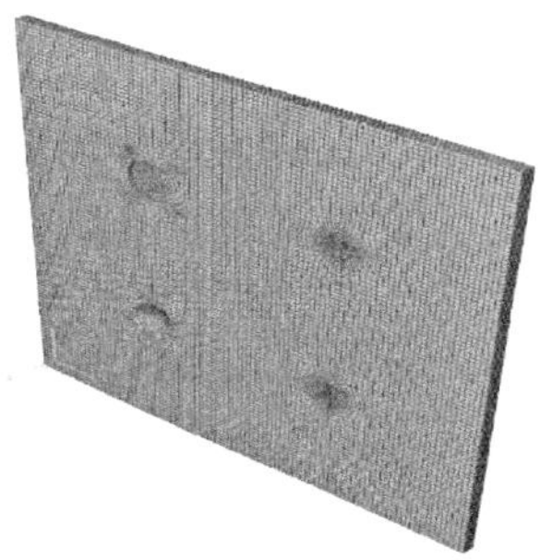

图 3.7　模型网格划分

（2）脉冲热波方法计算模型的求解过程

假设环境温度 T_e 为 25℃，模型的初始温度为环境温度，脉冲热激励的热流密度为 5×10^7 W/m^2，脉冲热激励时间长度（简称激励脉宽）为 2ms，加热之后冷却过程中贮箱表面的对流换热系数 h_c 取为 10W/(m^2 · ℃)，检测过程无内部热源。由于检测时间很短，为简化计算过程可以不考虑表面的辐射换热（经过计算误差一般不超过 1.5%）。

根据脉冲热激励的检测特点，计算过程可分为两步：

第一步（瞬态加热过程）：$t=0\sim0.002$s

$$\text{初始条件：}T\big|_{t=0}=T_e=25℃ \tag{3.41}$$

边界条件：结构件的侧面假设为绝热，且

$$\begin{cases}-\lambda\left.\dfrac{\partial T}{\partial z}\right|_{z=0}=q_0=5\times10^7\,\text{W/m}^2\\ \lambda\left.\dfrac{\partial T}{\partial z}\right|_{z=0}=h_c(T-T_e)\end{cases} \tag{3.42}$$

第二步（冷却过程）：$t=0.002\sim20$s

初始条件为第一步的计算结果，时间步长取 0.02s。

$$边界条件：\lambda \left.\frac{\partial T}{\partial z}\right|_{z=0} = h_c(T - T_e) \tag{3.43}$$

除脉冲热流密度外，其余边界条件同第一步。

根据初始条件和边界条件，进行脉冲热波加载求解，然后进行后处理。

(3) 超声热波方法计算模型的求解过程

为简单起见，假设静摩擦系数 μ_s 为 0.4，动摩擦系数 μ_d 为 0.35，动静摩擦转化系数 β 为 5，超声激励为一个作用于试件表面的简谐位移函数 $a(t)$。假定环境条件与脉冲热波检测时的一样，忽略损伤附近区域的辐射换热。

根据超声热激励的检测特点，计算过程可分为两步：

第一步（超声激励过程）：$t=0\sim40\text{ms}$

初始条件：$T|_{t=0}=T_e=25℃$

边界条件：

① 试件两个侧面固定（即约束其 6 个自由度）。

② 试件正面施加简谐位移载荷：

$$a(t) = A\sin(2\pi ft) \tag{3.44}$$

式中，f 为激励频率，$f=20\text{kHz}$；A 为激励幅度，$A=50\mu\text{m}$。

$$③\ \lambda \left.\frac{\partial T}{\partial x}\right|_{x=0,x=0.2\text{m}} = \lambda \left.\frac{\partial T}{\partial y}\right|_{y=0,y=0.2\text{m}} = \lambda \left.\frac{\partial T}{\partial z}\right|_{z=0.005\text{m}} = h_c(T - T_e) \tag{3.45}$$

第二步（冷却过程）：$t=40\sim120\text{ms}$

初始条件为第一步的计算结果。

边界条件除简谐位移载荷外，其余边界条件与第一步相同。

根据上述建立的有限元模型、边界条件和初始条件，进行超声热波加载计算。

(4) 脉冲热波方法计算结果分析

按照上述脉冲热波方法求解过程，对含腐蚀的贮箱结构模型进行热波检测仿真，获得表面温度场分布云图，如图 3.8 所示。

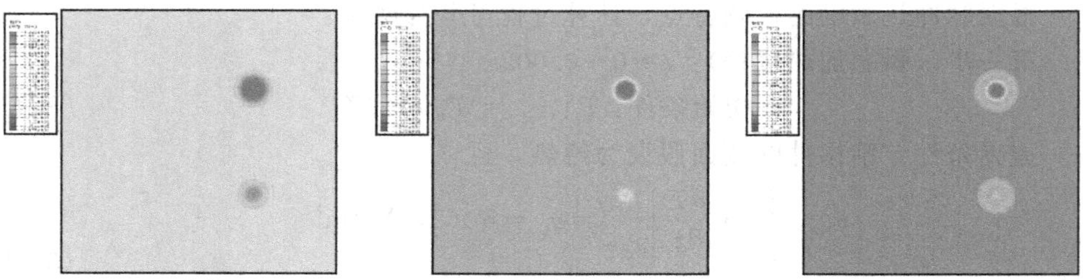

$t=0.1\text{s}$ $t=0.16\text{s}$ $t=0.24\text{s}$

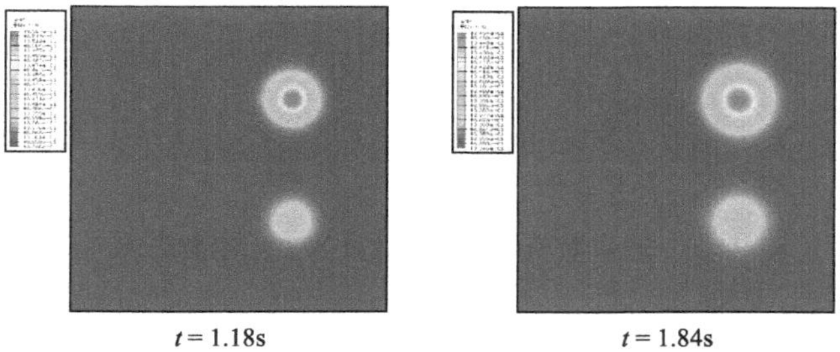

图 3.8 表面温度场分布云图时间序列

从图中可以看出，脉冲加热后 0.1s 左右，圆形蚀坑和球冠形蚀坑已经显现。之后，表面温度对比度逐渐增强，圆形蚀坑的形状呈圆形，与预制蚀坑形状基本一致，而球冠形蚀坑则表现为蚀坑底部对应的表面温度较高，沿蚀坑截面分布，其表面温度逐渐降低。随着时间推移，受热扩散的影响，腐蚀区域与正常区域之间的温差逐渐减小，热斑的对比度降低。而应力腐蚀裂纹在脉冲热激励下没有任何反应。分别提取蚀坑和应力腐蚀裂纹处的表面温差数据，得到如图 3.9 所示曲线。可以看出，脉冲热波方法能够检测壁厚减薄类型的腐蚀。

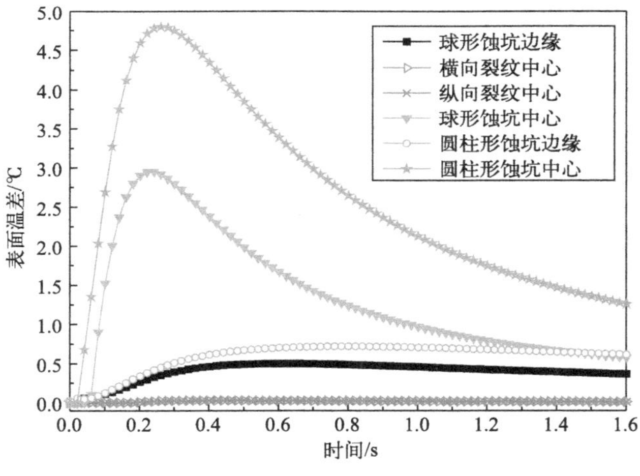

图 3.9 脉冲热波检测不同腐蚀损伤处的温度变化曲线

(5) 超声热波方法计算结果分析

设定超声波的激励位置在两裂纹中间，超声激励后裂纹处表面温度变化的局部放大图如图 3.10 和图 3.11 所示。

从图中可以看出，激励 4ms 后裂纹即开始显现，随着激励作用的持续，表面温度越来越高，在整个激励过程中，表面裂纹各个部分温度均迅速上升，且中部的温度大于边缘部（尖端处）。

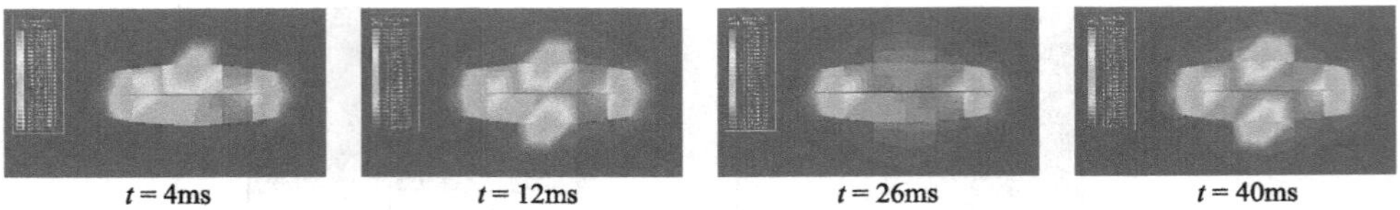

图 3.10　超声激励后横向裂纹处的表面温度场序列图

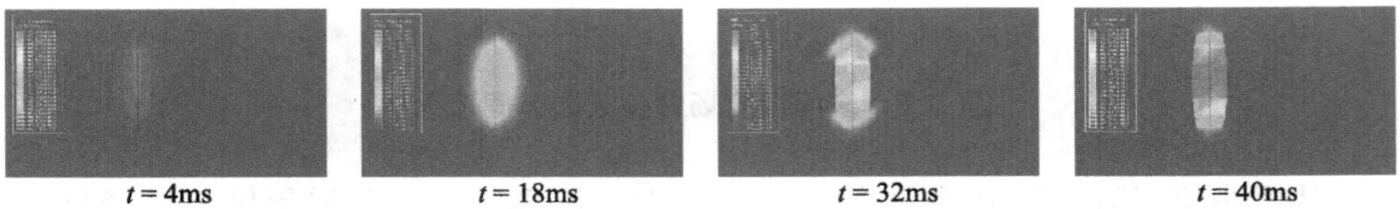

图 3.11　超声激励后纵向裂纹处的表面温度场序列图

对比图 3.10 和图 3.11 可以明显看出，虽然超声波激励在两个裂纹中间，但两个相同的腐蚀裂纹在超声波作用下的生热效果不同，纵向裂纹处的温度升值远小于横向裂纹处的温度升值。这主要与超声波传播方向和裂纹方向有关，当裂纹方向与超声波传播方向一致时，裂纹损伤界面质点受迫振动中的法向接触力较小，裂纹面处于切向接触状态，因而摩擦作用弱，生热量小。提取表面裂纹不同位置以及蚀坑处的表面温度数据，得到如图 3.12 所示曲线。

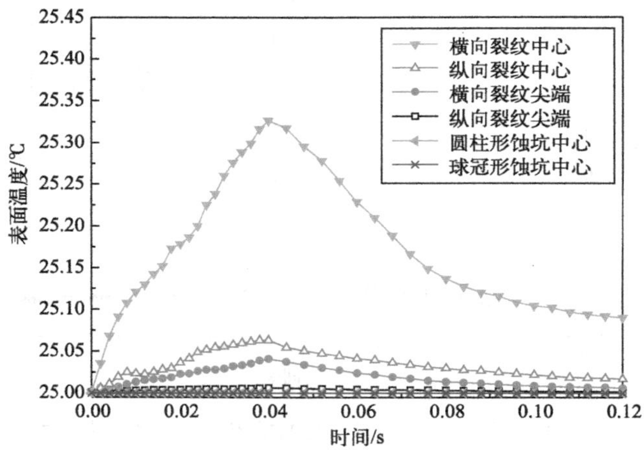

图 3.12　腐蚀裂纹上不同位置的温度变化曲线

由图 3.12 可以发现，裂纹中部温升曲线具有较大的斜率，这是由于裂纹中部节点具有相对较大的接触压力和相对速度，生成的热量比裂纹尖端节点多，且温度变化曲线在激励阶段存在一定波动，其原因是裂纹面在超声激励下是间歇接触碰撞，在间歇时间内，温度可能会下降。垂直裂纹的表面温度场则表现为裂纹开口处温度上升快于尖端处。圆形蚀坑和球冠形蚀坑在超声激励下没有任何反应，这是因为没有形成有效的接触面，无法通过摩擦产生热流，这是超声热波技术的一个薄弱点。

3.3.2 含多蚀坑损伤结构的热波检测数值仿真

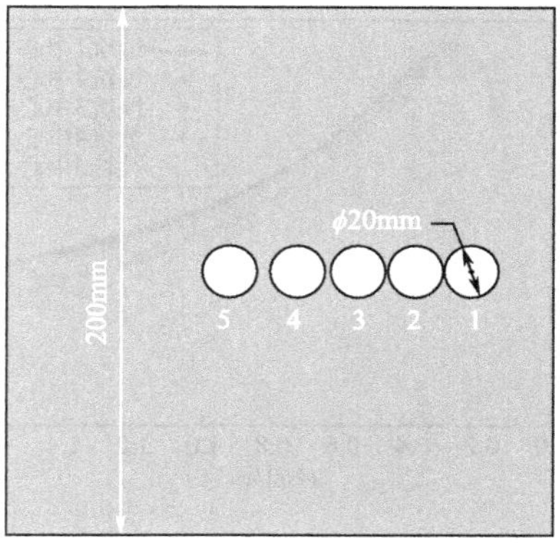

图 3.13 多蚀坑模型

蚀坑密度是评估金属腐蚀的重要参数，为了研究热波技术对多蚀坑腐蚀的检测效果，设计如图 3.13 所示的多圆形蚀坑模型，材料为铝合金，蚀坑深度均为 2mm，直径均为 20mm，蚀坑间距依次为 0.5mm、1mm、2mm、5mm。保持其他检测参数不变，获得脉冲热波检测序列热图像如图 3.14 所示。

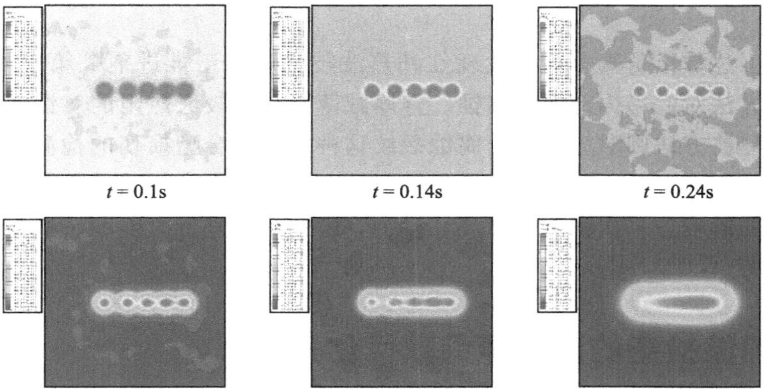

图 3.14 多蚀坑的脉冲热波检测热图序列

从图 3.14 中看出，脉冲热激励后，蚀坑即以表面热斑的形式显示出来，并且热斑的对比度很快达到最大。受三维热扩散的影响，间隔较近蚀坑的表面热斑最早开始出现连接，随着时间的延续，表面热斑相互连接，最终形成一个表面大热斑。分别计算蚀坑中心和蚀坑间隔中心与正常区域的表面温差，结果如图 3.15 和图 3.16 所示。

从图 3.15 中明显看出，多蚀坑表面的最大温差和最佳检测时间无明显变化，但是多蚀坑之间相互的热扩散作用影响了表面的降温过程，蚀坑间隔越近，表面

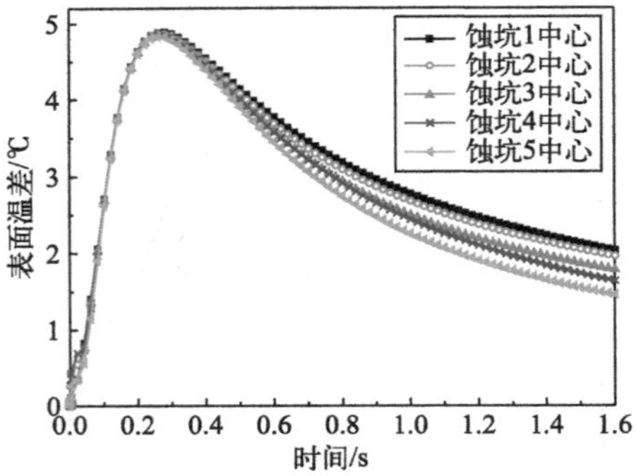

图 3.15 多蚀坑中心的表面温差曲线

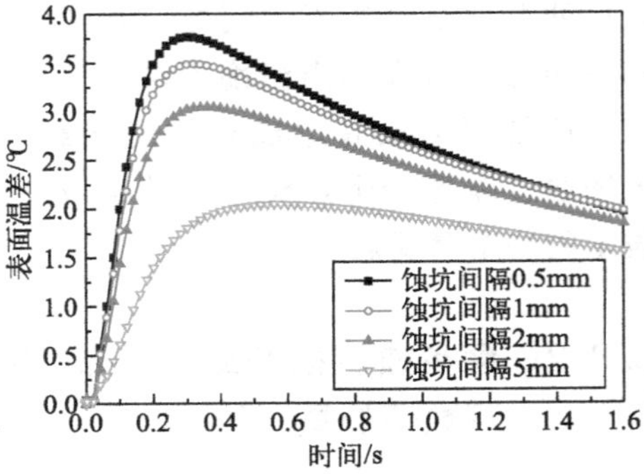

图 3.16 多蚀坑间隔中心的表面温差曲线

降温越慢。这个结论可以从图 3.16 中得到证明，蚀坑间隔越大，间隔中心位置的最大表面温差越小，表面温差达到最大的时间越晚。因此，早期的热波图像能反映蚀坑的分布情况，通过热图像的分割可判别腐蚀坑的分布密度。

3.3.3 贮箱腐蚀损伤的热波检测可行性分析

通过上述数值仿真分析，发现红外热波技术可用于推进剂贮箱腐蚀的检测，脉冲热波方法对贮箱内部局部腐蚀、壁厚减薄等具有较大热阻的腐蚀损伤检测有效，超声热波方法则对表面应力腐蚀裂纹这种界面贴合型损伤的检测有效，两种热激励技术配合使用，可提高检测结果的准确性和可靠性。而且检测结果不受多蚀坑损伤的影响，一次检测仅需要几秒钟，因此可以进行大面积、快速的贮箱腐蚀损伤检测。

3.4 热波检测的激励源参数优化分析

影响热波检测的因素很多，如材料参数、损伤结构与尺寸、环境因素以及热激励源等，为提高热波技术对贮箱腐蚀损伤的检测能力，还需要对这些影响因素进行系统的分析。下面通过建立有限元数值仿真模型，以热波检测典型参数为评价指标，对热激励源的参数进行优化分析。

3.4.1 描述检测效果及检测能力的典型参数

（1）表面温差

由热波检测原理可知，如果贮箱内部有腐蚀，则在检测时腐蚀区域的表面温度将会与正常区域的表面温度有差异，将表面温差 ΔT 定义为损伤区温度

$T_{corr}(t)$ 与无损伤区的平均温度 $T_{sound}(t)$ 之差，即：

$$\Delta T = T_{corr}(t) - T_{sound}(t) \tag{3.46}$$

对于超声热波检测来说，在超声激励下，损伤处摩擦生热，形成一个不均匀的内热源，热量从损伤处向表面传导，其表面温差为损伤处的温度与环境温度的差。

前面已经推导了一维情况下的最大表面温差与腐蚀参数之间的关系，所以根据测量的温差就可以判断腐蚀的有关参数。

(2) 最佳检测时间

表面温差达到最大时对应的时间即为最佳检测时间，用 t_{best} 表示，最佳检测时间与剩余壁厚关系密切，往往作为评价剩余壁厚的重要参数。

(3) 温差脉宽

将表面温差大于热像仪灵敏度的时间长度称为表面温差持续时间，简称温差脉宽，用符号 $\tau_{\Delta T}$ 表示。$\tau_{\Delta T}$ 越大，表面温差大于热像仪灵敏度的时间越长，越利于热像仪采集损伤区域的信息。根据当前红外检测设备的性能，热像仪的灵敏度可达 0.01℃，考虑到信噪比，以 $\Delta T > 0.1$℃衡量热波检测的能力，若图像采集频率设定为 50Hz，则以 $\tau_{\Delta T>0.1} > 0.02$s 衡量热波检测的有效性。

上述检测参数可作为区分损伤与无损伤的评价参数，也可以作为识别损伤大小、深度等信息的重要依据，可根据不同的应用对象选择合适的检测参数。为简单起见，通常选择温差曲线和其对应的最佳检测时间作为评价损伤的检测参数。

为缩短计算时间，突出热激励源参数对检测结果的影响，分别以含有圆形蚀坑和应力腐蚀裂纹的铝合金材料构件（尺寸及物理性质参数同前）为例进行仿真计算，腐蚀试件的结构示意图分别如图 3.17 和图 3.18 所示。其中圆形蚀坑的直径为 20mm，深度为 2mm；微裂纹的长为 5mm，开口宽度为 10μm，裂纹深度为 2mm，位于距离构件表面顶部 40mm 的位置。

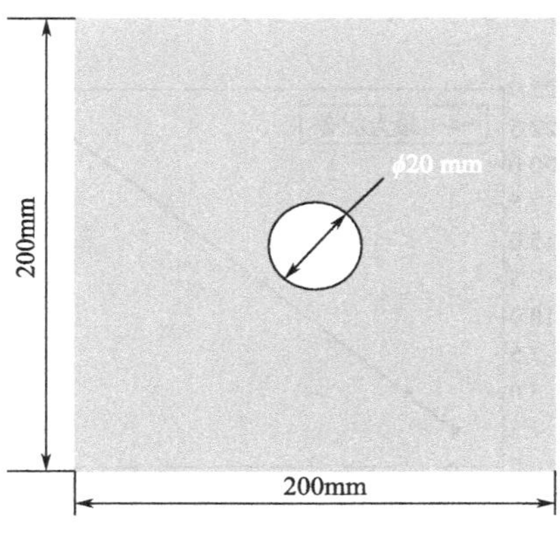

图 3.17 含圆形蚀坑结构模型示意图

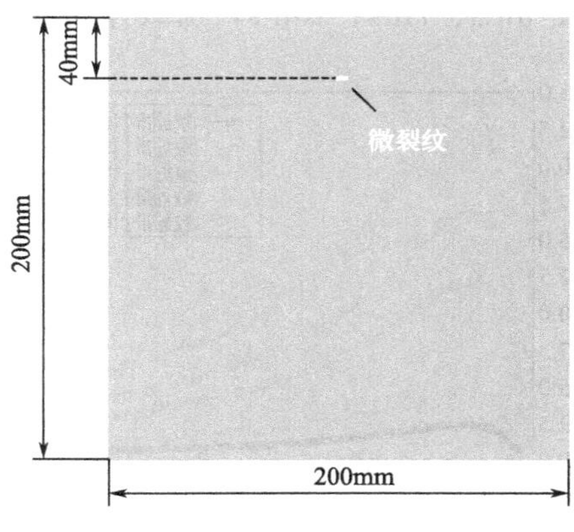

图 3.18 含裂纹结构模型示意图

3.4.2 脉冲热激励源参数对检测结果的影响

脉冲热激励源的参数主要有三个：脉冲总能量、脉冲热流密度和脉冲宽度，其中有两个是独立变量，如果脉冲热流密度和脉冲宽度一定，则脉冲能量即可确定。因此，只需要计算热流密度和脉冲宽度变化时对检测参数变化的影响。

保持脉冲宽度 $t_W=2ms$ 不变，调整脉冲热流密度分别为 $1\times10^7W/m^2$、$2\times10^7W/m^2$、$5\times10^7W/m^2$、$7\times10^7W/m^2$、$10\times10^7W/m^2$，加载计算后，分别计算表面温差和最大表面温差，结果如图 3.19 所示。

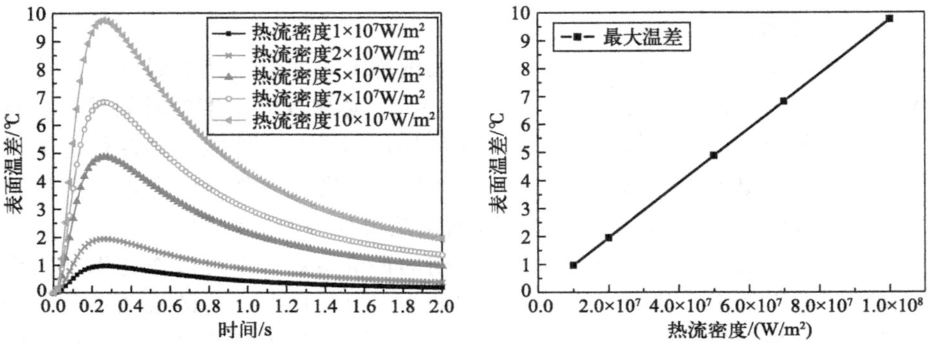

(a) 表面温差曲线　(b) ΔT_{max}与脉冲热流密度

图 3.19 脉冲热流密度对检测结果的影响（$t_w=2ms$）

由图 3.19 看出，随着加热强度的增加，表面最大温差增加，二者之间为严格的线性关系，但热流密度对最佳检测时间没有影响。

保持脉冲热流密度 $q=5\times10^7W/m^2$ 不变，改变脉冲加热时间分别为 1ms、2ms、5ms、7ms、10ms，加载计算后计算，得到如图 3.20 所示结果。

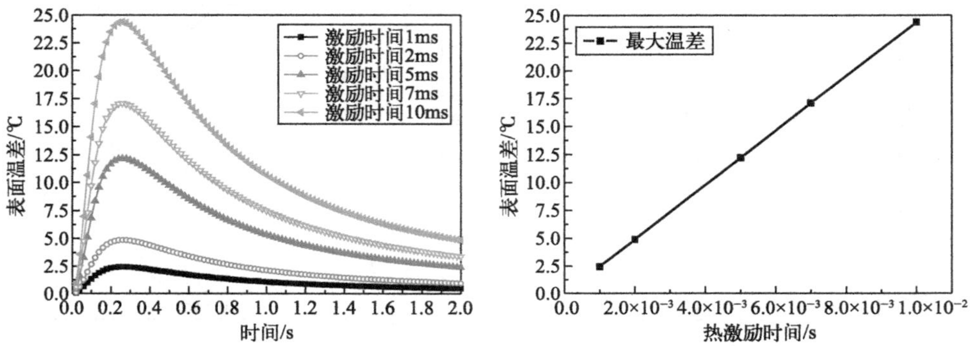

(a) 表面温差曲线　(b) ΔT_{max}与脉冲时间

图 3.20 脉冲热激励时间对检测结果的影响（$q=5\times10^7W/m^2$）

从图 3.20 可以看出，脉冲热激励时间越长，最大表面温差也越大，但脉冲时间对最佳检测时间基本没有影响。由此可知，脉冲总能量越大，最大表面温差越大，越利于损伤的检测。

3.4.3 超声热激励源参数对检测结果的影响

超声热激励源的主要参数有三个：激励频率、激励幅度和激励时间。分别保持其中两个参数不变，调整另外一个参数值对试件进行超声热波检测，对图 3.18 中裂纹中部的表面温度变化（后面若无特别说明，分析区域均为裂纹中部）进行分析，得到如图 3.21～图 3.23 所示的结果。

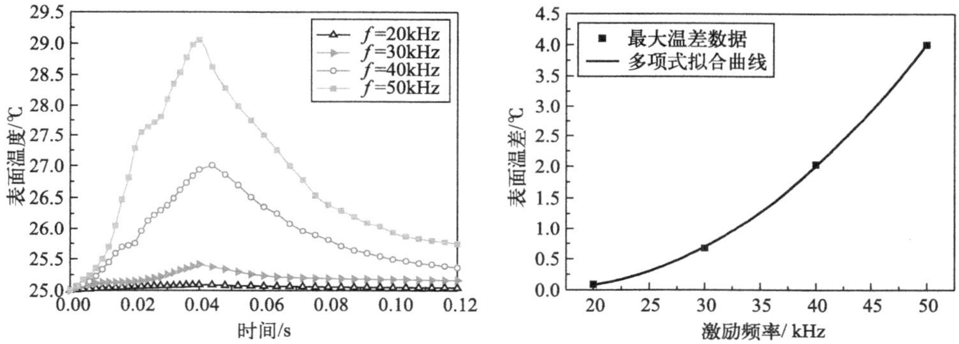

(a) 表面温度曲线　(b)ΔT_{max}与激励频率

图 3.21　超声波激励频率对检测结果的影响（A=50μm，t_w=40ms）

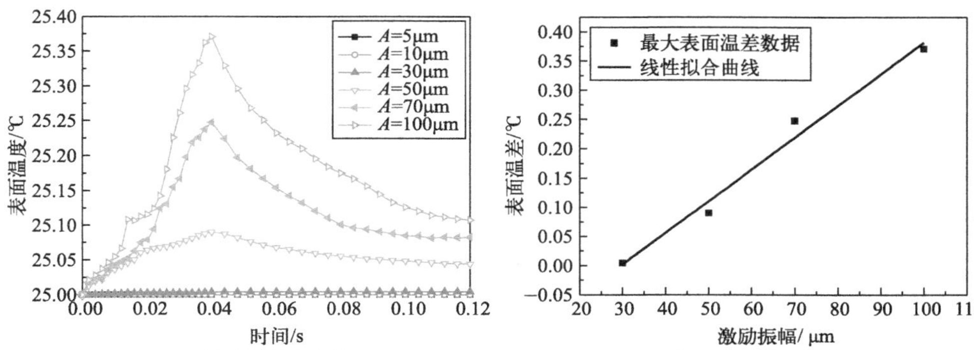

(a) 表面温度曲线　(b)ΔT_{max}与激励幅度

图 3.22　超声波激励幅度对检测结果的影响（f=20kHz，t_w=40ms）

从图 3.21 和图 3.22 可以看出，随着激励频率、激励幅度的增加，表面温度升高，激励频率和激励幅度均与最大表面温差成正比，但激励频率和激励幅度对

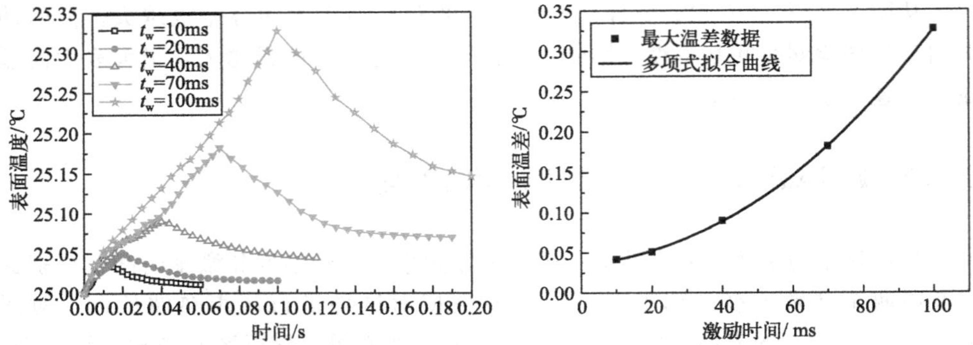

(a) 表面温度曲线　　(b)ΔT_{max}与激励时间

图 3.23　超声波激励时间对检测结果的影响（f=20kHz，A=50μm）

最佳检测时间几乎没有影响，最佳检测时间均在激励时间附近。当激励振幅小于10μm 时，裂纹表面温度没有变化。由图 3.23 可明显看出，随着激励时间增加表面温度快速增加，最佳检测时间为超声波的激励时间。

实际应用中，根据检测对象的特点和检测设备的能力，提高激励振幅和激励频率，延长激励时间，可增强超声热波对损伤信息的激发，提高检测能力。超声波激励位置对检测结果也有影响，激励位置离裂纹越近，产生的温升值越大，但实际应用中没有最优检测位置，需要进行调整以寻求更好的检测效果。

3.5　贮箱腐蚀的热波检测影响因素分析

3.5.1　蚀坑形态对脉冲热波检测结果的影响

蚀坑形态不同，热波检测现象不同，描述蚀坑形态的主要指标有蚀坑形状、蚀坑深度、蚀坑尺寸和填充物（模拟加注介质的存在），下面分别建模进行计算分析。

（1）蚀坑形状对检测结果的影响

设计含有长方体、圆形、球冠形和椭球形蚀坑的贮箱结构模型。其中，蚀坑深度均为 2mm，长方体底边长、圆形直径、球冠拱底直径和椭球拱底长径均为20mm，椭球拱底短径为 12mm，其结构特征和模型网格划分如图 3.24 所示。

保持其他参数不变，采集脉冲热波激励后的表面温度序列云图如图 3.25 所示。

从图 3.25 中可以看出，不同形状的腐蚀坑在脉冲热波检测时的热斑变化形式不同。长方体蚀坑和圆形蚀坑在热波检测初期便以其底面形状显现，而球冠形

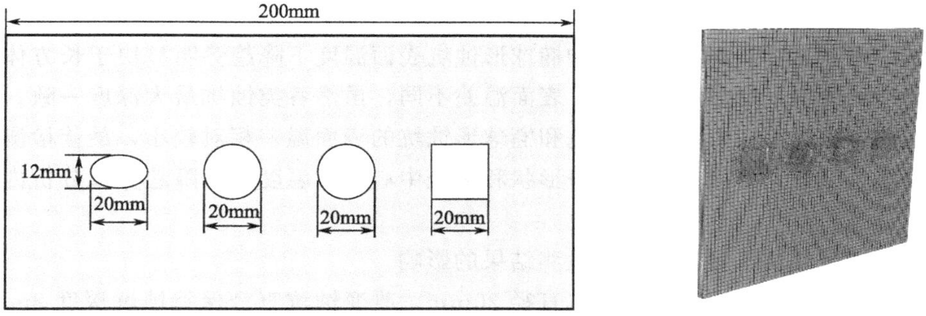

(a) 模型结构特征　　(b) 模型网格划分

图 3.24　含不同形状蚀坑的结构模型

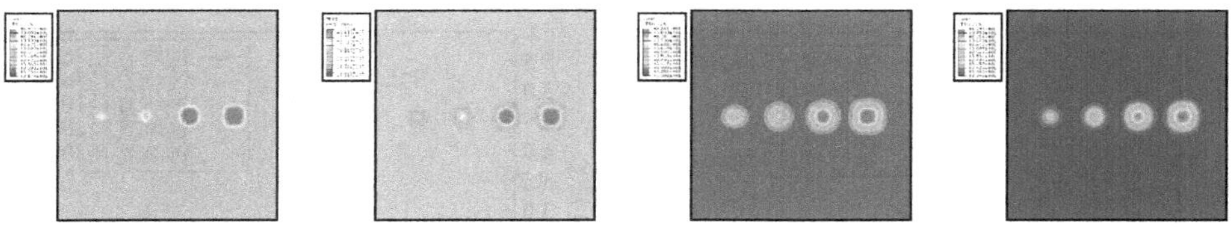

$t=0.16s$　　$t=0.2s$　　$t=0.26s$　　$t=0.5s$

图 3.25　不同形状蚀坑的脉冲热波检测序列云图

和椭球形蚀坑的热斑则是在蚀坑底部从一个“热点”开始，然后才逐渐显示出蚀坑的形状，但蚀坑底部的表面温度最高。受横向热扩散的影响，随着时间的延续，蚀坑边缘特别是边角位置最早开始模糊，并最终都扩散成圆形热斑，无法辨别蚀坑形状。

计算不同蚀坑底部对应的表面温度和表面温差变化曲线，如图 3.26 所示。

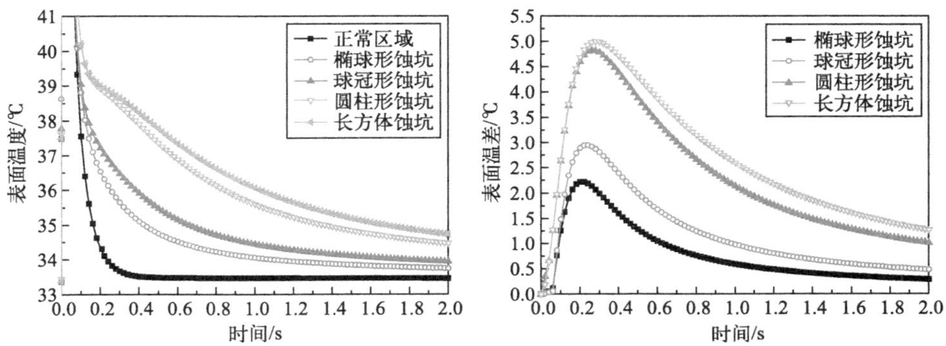

(a) 表面温度曲线　　(b) 表面温差曲线

图 3.26　不同形状蚀坑的表面温度和表面温差曲线

从图 3.26 中看出，长方体蚀坑和圆形蚀坑的表面温度高于球冠形和椭球形蚀坑的表面温度，而且球冠形和椭球形蚀坑表面温度下降趋势明显快于长方体蚀坑和圆形蚀坑，腐蚀形态不同，表面温差不同，虽然各类蚀坑最大深度一致，但最佳检测时间不同，球冠形蚀坑和椭球形蚀坑的表面温差相对较小，最佳检测时间较早。因此，可结合表面热斑形状和热斑中心表面温度的下降趋势来分析内部腐蚀形态。

(2) 腐蚀坑深度和大小对检测结果的影响

分别改变蚀坑深度保持蚀坑直径 20mm，改变蚀坑直径保持蚀坑深度 2mm，以相同的脉冲热激励条件加载，计算得到蚀坑的深度和大小对表面温差的影响，如图 3.27 和图 3.28 所示。

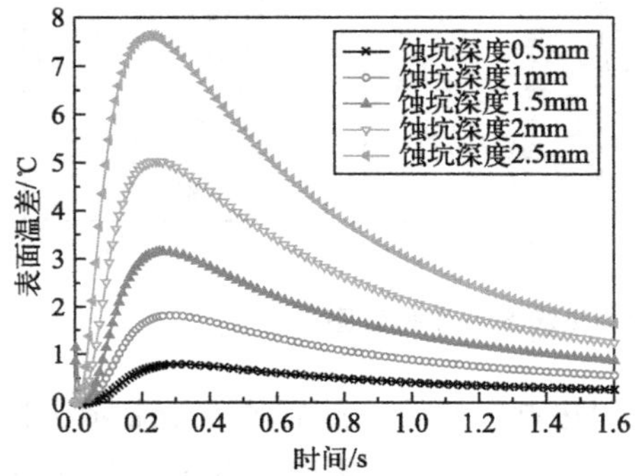

图 3.27 不同深度蚀坑的表面温差（D=20mm）

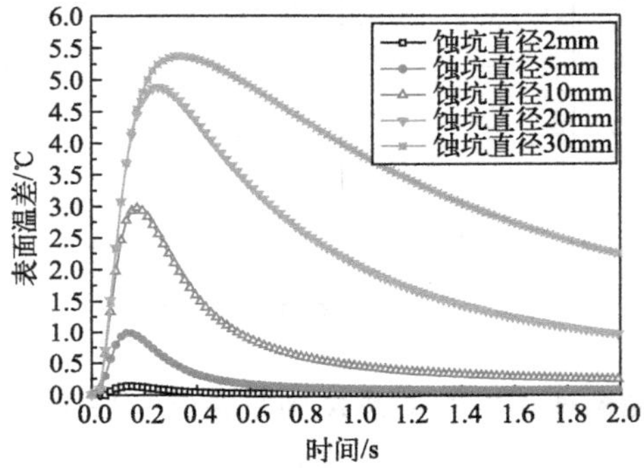

图 3.28 不同大小蚀坑的表面温差（d=2mm）

从图 3.27 中可以非常清楚地发现，剩余壁厚与最大表面温差成反比，即剩余壁厚越大，表面温差越小，但剩余壁厚越大，最佳检测时间越晚。由图 3.28 可以看出，蚀坑大小与最大表面温差成正比，与最佳检测时间成正比，即蚀坑直径越大，表面温差越大，其表面温度下降趋势越平缓，最佳检测时间越晚。两图对比不难发现，蚀坑深度每增加 0.5mm，即贮箱剩余壁厚每减少 0.5mm，最大表面温差相差最大可达到 2.5℃（蚀坑深度由 2mm 到 2.5mm 时）；而蚀坑直径每增加 3mm 时，最大表面温差相差最大不到 1℃（蚀坑直径由 2mm 到 5mm 时）。由此可见：蚀坑深度对热波检测的影响要远远大于蚀坑尺寸对检测的影响。

(3) 腐蚀产物及加注介质对检测结果的影响

脉冲热波检测时，腐蚀损伤处表面温度与损伤界面处的热反射系数直接相关，介质不同，热反射系数不同，表面温度场变化不同。假设贮箱内分别加注空气（空罐）、水、油、推进剂（N_2O_4）、氧化铝（模拟腐蚀产物）等介质，其物理性质参数[204]如表 3.1 所示，预制含相同大小、相同深度、相同形态圆形蚀坑的铝合金腐蚀构件模型，以相同的脉冲热激励条件加载，计算得到表面温度和表面温差曲线如图 3.29 所示。

表 3.1 加注介质的物理性质参数

材料	空气	水	油	N_2O_4	氧化铝
ρ/(kg/m³)	1	1000	888	1446	3970
c/[J/(kg·K)]	1005	4200	1880	1472.8	360
λ/[W/(m·K)]	0.0251	0.58	0.145	0.1492	76
α/(m²/s)	2.4975×10^{-5}	1.3810×10^{-7}	8.6855×10^{-8}	7.0058×10^{-8}	5.3177×10^{-5}
ρc	1.0050×10^{3}	4.2000×10^{6}	1.6694×10^{6}	2.1297×10^{6}	1.4292×10^{6}

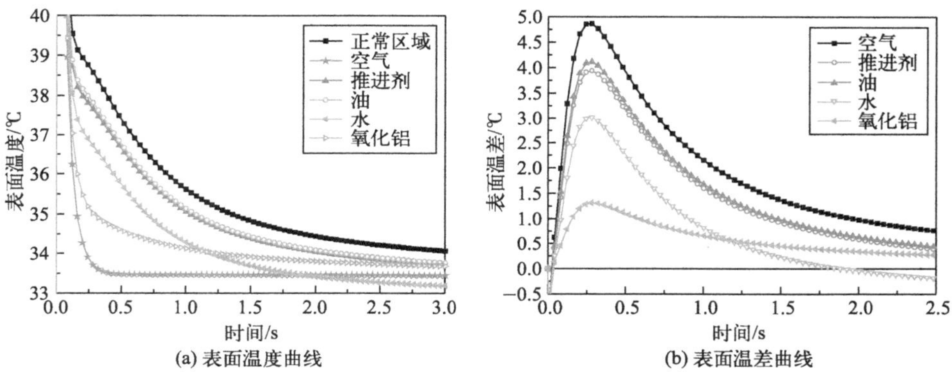

图 3.29 不同加注介质的表面温度和表面温差曲线

从图 3.29（a）可以看出，贮箱内介质不同，表面温度下降过程不同，内部加注空气的贮箱表面温度下降最慢，其次为油和推进剂，内部加注水的贮箱表面温度下降最快。而介质对最佳检测时间没有影响，如图 3.29（b）所示。

对比最大表面温差与介质的热物理性质发现：最大表面温差与介质的热导率成反比，加注介质的热导率越大（介质的导热性能越好），脉冲热波检测的最大表面温差越小。最大表面温差与介质的密度与比热容的乘积具有线性关系，密度与比热容的乘积越大，表面温差越低。铝合金贮箱内加注推进剂时的最大表面温差 $\Delta T_{max}=3.9464℃$，最佳检测时间 $t_{best}=0.26s$，温差脉宽 $\tau_{\Delta T>0.1}=4.5s$，因此，可采用红外热波方法对液体推进剂贮箱进行腐蚀检测。

3.5.2 贮箱结构参数对脉冲热波检测结果的影响

（1）贮箱壁厚对脉冲热波检测结果的影响

改变贮箱壁厚，保持蚀坑参数和热波检测参数不变，计算结果如图 3.30 所示。

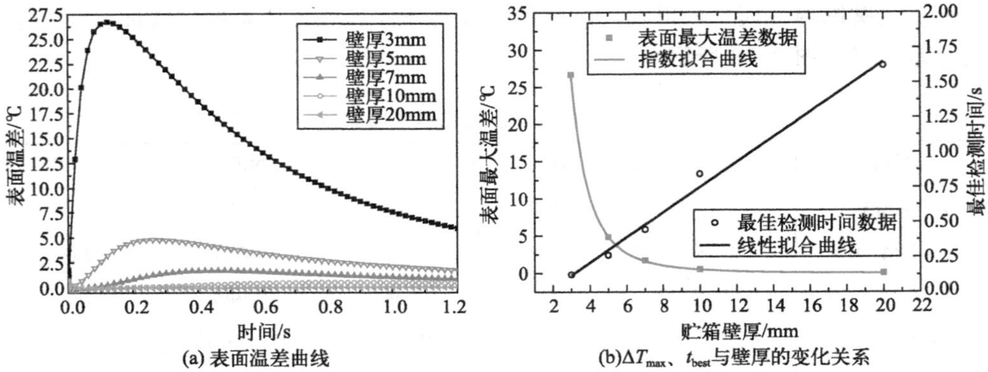

图 3.30 不同壁厚结构的脉冲热波检测结果

从图 3.30 中可以看出，随着壁厚的增加，表面温差减小，最佳检测时间增大，而最佳检测时间与壁厚成线性正比关系。采用指数模型对最大表面温差与贮箱壁厚数据进行拟合，得到表达式：

$$\Delta T_{max} = 1031.8857 l^{-3.3256} \tag{3.47}$$

若以 $\Delta T_{max} \geqslant 0.04$℃判定腐蚀损伤可以被检测到，则对于直径为 20mm、深度为 2mm 的圆形蚀坑，理论上可检测的壁厚最大值为 21.21mm。

（2）贮箱材料对脉冲热波检测结果的影响

材料参数主要包括材料的密度、比热容及热导率等。分别选取几种材料如铝合金、不锈钢、钛合金、铜合金以及镁合金（材料参数[205,206]如表 3.2 所示），保持蚀坑参数和热波检测参数不变，计算得到如图 3.31 所示结果。

表 3.2 贮箱材料的物性参数

材料	铝合金	不锈钢	钛合金	铜合金	镁合金
ρ/(kg/m³)	2610	7801	4400	8922	1810
c/[J/(kg·K)]	904	473	528	410	1000
λ/[W/(m·K)]	107	43	10.62	22.7	66
α/(m²/s)	4.5350×10^{-5}	1.1654×10^{-5}	4.5713×10^{-6}	6.2055×10^{-6}	3.6464×10^{-5}
ρc	2.3594×10^{6}	3.6899×10^{6}	2.3232×10^{6}	3.6580×10^{6}	1.8100×10^{6}

从图 3.31 中可看出，在相同的热激励条件下，铝、钢等传热性能较好的材料降温过程非常快，损伤在几秒钟内即被检测出来，但损伤对表面温度的影响时间较短，导致温差脉宽较小，因此，在检测这些金属材料时，需要采用较高的采集频率。

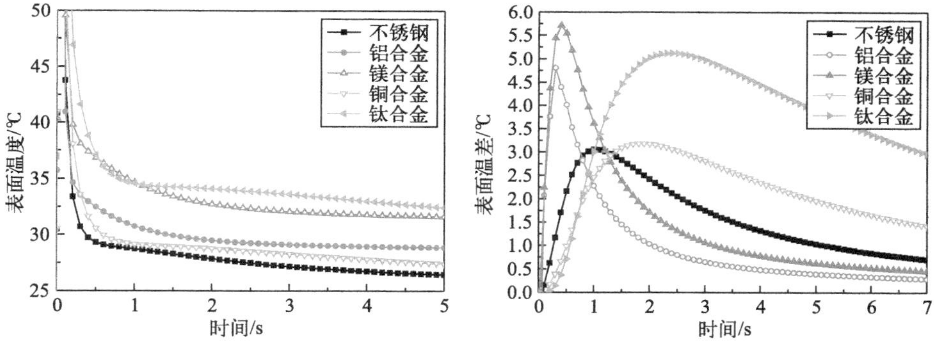

(a) 表面温度曲线　　(b) 表面温差曲线

图 3.31　不同贮箱材料的脉冲热波检测结果

(3) 贮箱壁曲率对脉冲热波检测结果的影响

上述研究的构件均为规则的平板状，即曲率 $k=0$，而实际的贮箱为有曲率的壳状，建立曲率 $k=1\mathrm{m}^{-1}$ 的结构试件进行热波检测仿真，其腐蚀损伤参数与第 3.3.1 小节模型中的相同，结构模型及热波检测结果分别如图 3.32 和图 3.33 所示。

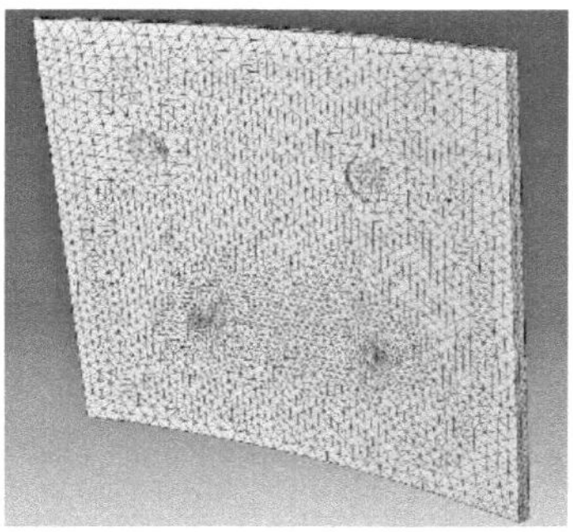

图 3.32　含曲率贮箱腐蚀结构模型

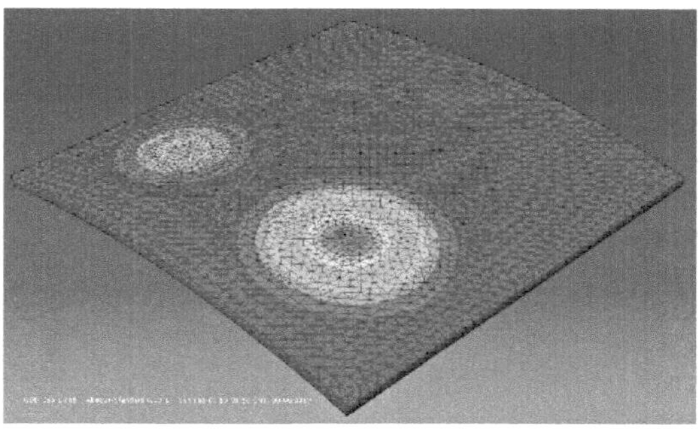

图 3.33　含曲率贮箱腐蚀结构的脉冲热波检测

从图 3.33 可以看出，应力腐蚀裂纹在脉冲激励下没有任何响应，而圆形蚀坑和球冠形蚀坑被检测出来。分别提取两蚀坑中心的表面温度，并与平板结构蚀坑中心的表面温度进行对比，结果如图 3.34 所示。

从图 3.34 中可以看出，含曲率结构的表面温度和表面温差与平板结构的几乎一致，贮箱结构的曲率对检测结果的影响较小。因此，为了建模方便，采用平板来模拟贮箱结构进行影响因素的仿真分析是可行的。

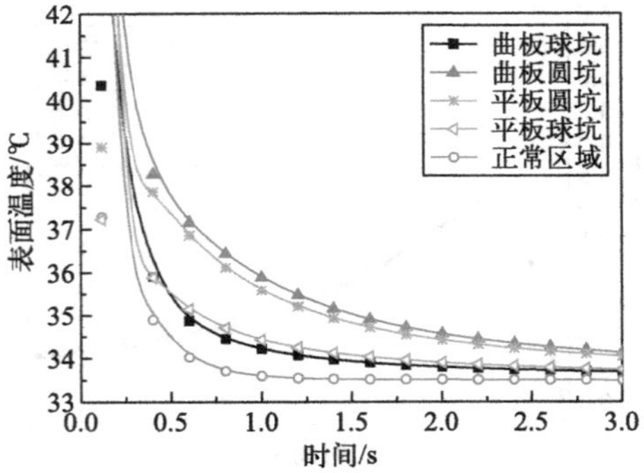

(a) 表面温度曲线 (b) 表面温差曲线

图 3.34 含曲率贮箱中腐蚀损伤的脉冲热波检测结果

3.5.3 表面应力腐蚀裂纹形态对超声热波检测结果的影响

损伤参数主要包括裂纹长度和深度。分别改变表面裂纹长度保持深度 2mm 和宽度 10μm 不变，改变表面裂纹深度保持长度 5mm 和宽度 10μm 不变，以相同超声热激励参数条件进行加载，得到裂纹中心的表面温度曲线如图 3.35 和图 3.36 所示。

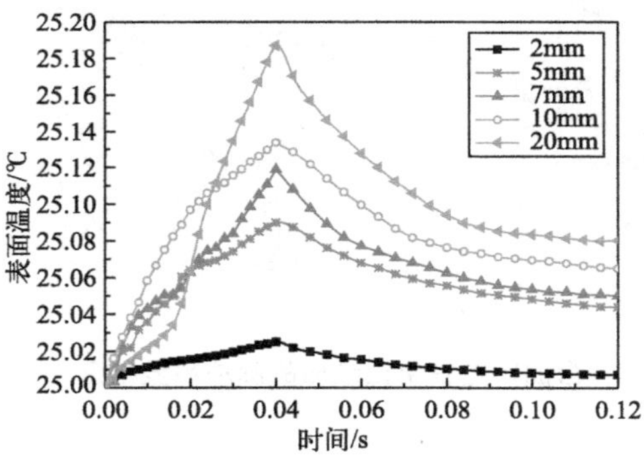

图 3.35 不同长度裂纹表面温度曲线（裂纹深 2mm、宽度 10μm）

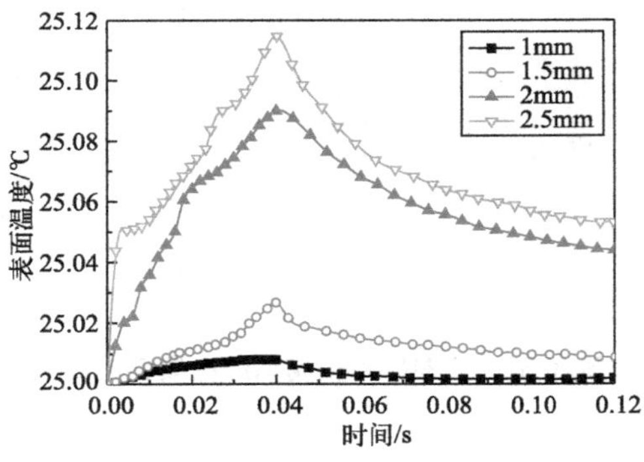

图 3.36 不同深度裂纹表面温度曲线（裂纹长 5mm、宽度 10μm）

从图 3.35 中可发现，随着裂纹长度的增加，裂纹面接触的有效面积也在增加，在超声激励下，裂纹面的摩擦产生了更多的热量，表面温度升值增大。2mm 长裂纹处的温度变化值为 0.025℃，在现代热像仪的分辨率范围之内。因此，在理想情况下，超声热波技术能检测到更为微小的损伤。但在真实环境中，横向热扩散、表面对流换热及辐射换热会影响表面温度场，此时，极微小损伤的生热就无法被热像仪观测到了。

从图 3.36 中可看出，随着裂纹深度的增加，裂纹面接触的有效面积也在增加，因此，表面温度升值增大。但深度为 1mm 裂纹的表面温度变化值为 0.008℃，小于热像仪的热分辨率，该裂纹不能被检测到。

3.5.4 贮箱结构参数对超声热波检测结果的影响

(1) 贮箱材料对超声热波检测结果的影响

分别采用铝合金、不锈钢和钛合金几种材料（材料的力学性能参数[205,206]见表 3.3），预制相同的应力腐蚀裂纹，以相同的超声波激励源参数条件进行加载，计算表面的温差曲线如图 3.37 所示，材料密度与比热容的乘积与最大温差的对应关系如图 3.38 所示。

表 3.3 贮箱材料的力学性能参数

材料	铝合金	不锈钢	钛合金
弹性模量/GPa	70	210	106
泊松比	0.33	0.29	0.3

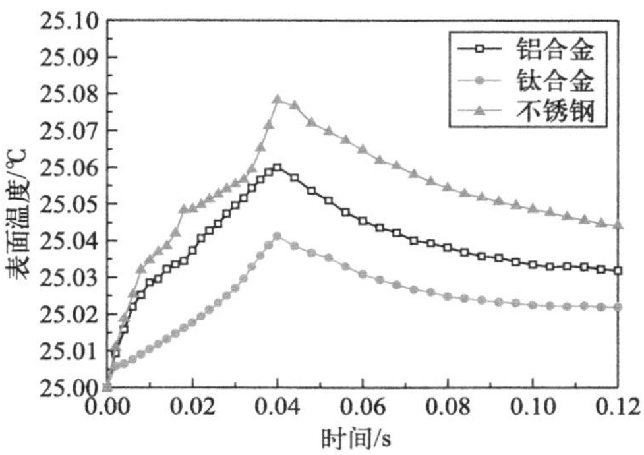

图 3.37 不同材料裂纹处表面温度曲线

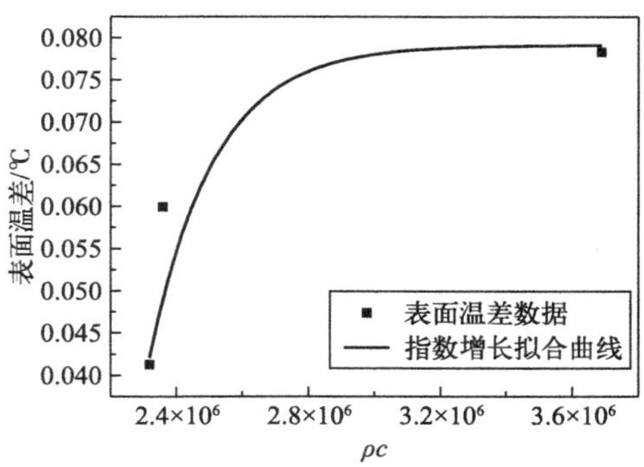

图 3.38 最大表面温差与材料 ρc 关系

从图 3.37 可以看出，在相同的激励条件下，不同材料裂纹处的最大表面温差不同，铝合金材料的最大温升为 0.059℃。但从整体结果来看，超声热波检测时的最大表面温差较小，热图像上出现裂纹损伤的时间较短，需要把握检测时机。观察图 3.38 可以看出，材料的密度和比热容乘积越大，最大表面温差越大。

(2) 贮箱壁曲率对超声热波检测结果的影响

分别建立小曲率（$k=1.96\mathrm{m}^{-1}$）和大曲率（$k=10\mathrm{m}^{-1}$）两类含裂纹损伤的

有限元壳构件模型，按照扫掠技术进行网格划分，结果如图 3.39 和图 3.40 所示。

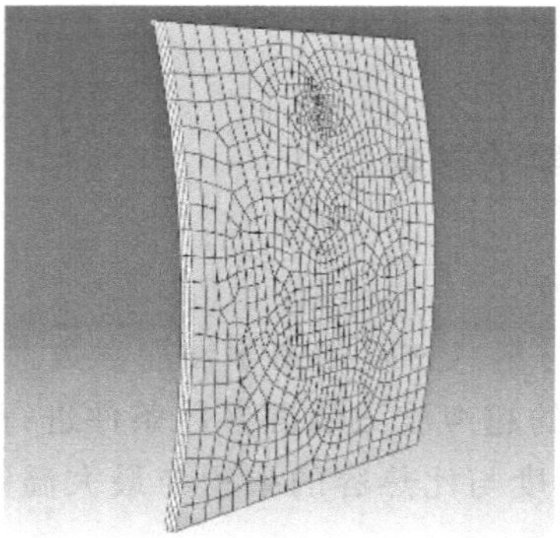

图 3.39　小曲率结构模型

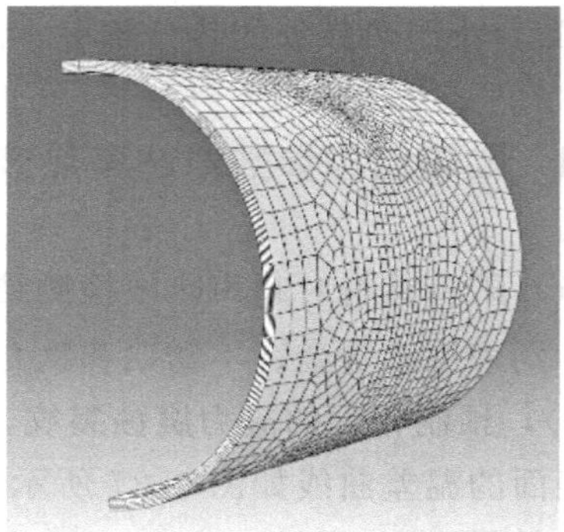

图 3.40　大曲率结构模型

以相同的超声波激励源参数条件加载后，计算不同曲率构件相同损伤对应的表面温度曲线如图 3.41 所示。

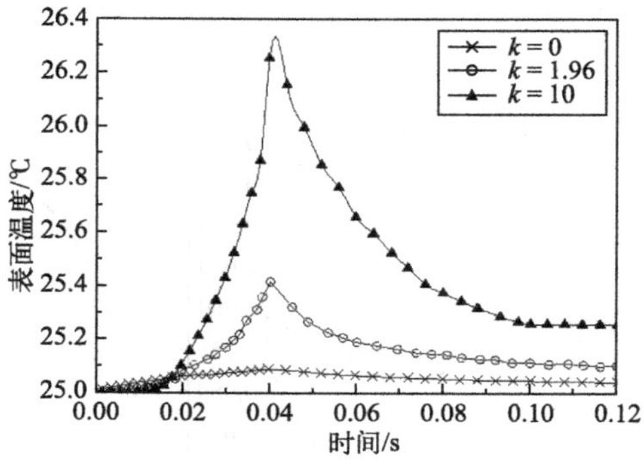

图 3.41　不同曲率结构裂纹处表面温度

由图 3.41 可发现，构件曲率越大，温升阶段的斜率越大，温度变化值越高，但峰值时间仍在激励时间附近，因此超声热波技术可以适应复杂形状构件的损伤检测。在实际应用中，构件无论曲率为多少，其待检测面如果不能与超声枪头面成点-点接触状态，超声波将不能进入构件，无法有效实施检测。

3.5.5　环境因素对热波检测结果的影响

热波检测过程中，材料表面的温度变化除了受材料和损伤本身的属性影响外，还会受到周围环境因素的影响，主要包括材料表面与环境的对流换热和辐射换热。

表面与环境的热交换将改变表面的温度分布，加快材料的降温过程，同时空气中的粉尘以及其他热源也会造成噪声干扰。

(1) 环境对流换热系数 h_c 与检测参数的关系

在脉冲热波检测中，分别设环境的对流换热系数为 10W/(m² · ℃)、50W/(m² · ℃)、100W/(m² · ℃)、500W/(m² · ℃)、1000W/(m² · ℃)，计算不同对流换热条件时的表面温度分布情况，获得不同大小对流换热系数下的腐蚀损伤表面温差，如图 3.42 所示。

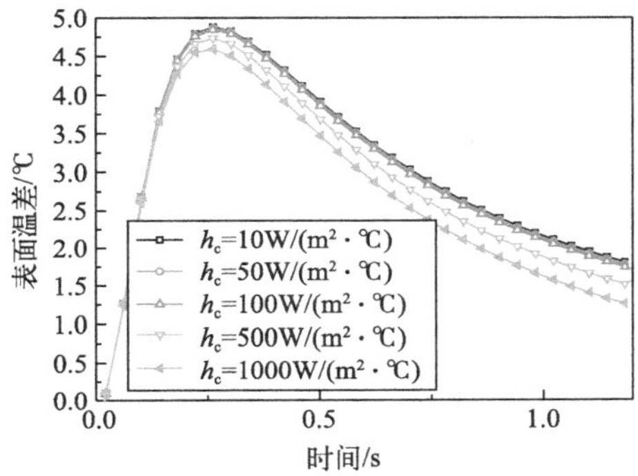

(a) 温差曲线

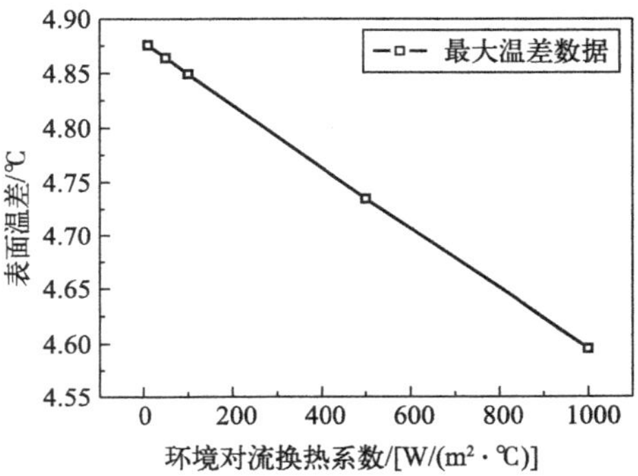

(b) ΔT_{max}与环境对流换热系数关系

图 3.42 不同对流条件下损伤表面的温差曲线

从图中可以看出，环境对流换热系数越大，最大表面温差越小，而环境对流换热系数对最佳检测时间没有影响。当对流换热系数较小时，热对流对表面温差的影响很小，对流换热系数从 10W/(m² · ℃) 变化到 50W/(m² · ℃) 时，最大表面温差仅仅减少了大约 0.0117℃，基本上不会对检测造成太大的影响，所以很多情况下在进行数值分析和理论计算时为了研究的方便，常常忽略材料表面的自然对流，对于定性的研究这是允许的，误差一般不超过 3%。但当对流换热系数比较大时，如对流系数从 10W/(m² · ℃) 变化到 100W/(m² · ℃) 时，最大表面温差从 4.8758℃减少到 4.8495℃，最大温差减小 0.0263℃，其值大于了热像仪的灵敏度，将会对检测结果产生较大的影响，譬如会使一些轻微腐蚀损伤被漏检等。

同样，在超声热波对裂纹的检测过程中，环境对流换热系数的增加将导致材料表面温度下降趋势加快，最大表面温差减小，本书不再建模计算。

(2) 环境辐射换热对检测参数影响分析

环境辐射换热与对流换热一样，也将加快材料热平衡的速度，降低表面温差，影响检测能力。由于金属材料热传导速率快，热辐射影响相对较弱，在计算过程中可以不予考虑。

环境对流的增强会导致一些轻微损伤不能被检测到，因此，在检测过程中应采取必要的遮蔽措施，如关闭门窗、采用遮罩、移走附近的热源等，尽可能降低其他环境因素带来的不利影响，增强检测能力。

4

贮箱腐蚀损伤的热波检测定量识别方法

红外热波技术的检测结果是以红外热图序列表征的，其中含有丰富的损伤信息，热图像中的温度异常区域与损伤的位置和大小有直接的关系，图像序列的时间特征与损伤深度有密切的联系。然而，实际采集到的热图序列中存在“非均匀、高噪声、低对比度”等问题，难以直接获取损伤的大小、位置和数目等信息，包含于图像序列时间特征里的损伤深度也无法从快速的表面温度场变化中直接获取。因此，需要采用有效的数据分析和图像处理方法对原始热图序列进行处理和分析，并建立图像序列时间特征与损伤深度之间的对应关系模型，以实现腐蚀损伤的定量识别。本章以红外热图像中贮箱腐蚀的特征信息提取为重点，研究腐蚀损伤大小、深度、裂纹长度等损伤参数的定量识别。

4.1 红外热图像的非均匀性校正

红外热波检测中的非均匀性畸变问题可能给检测结果造成难以判别的影响，必须加以研究予以校正。造成红外热图像非均匀性的原因主要有 3 种：第一种是由红外热像仪成像系统引起的图像畸变，主要是由红外热像仪镜头光学系统的透镜组不完善、镜头组合不正确及装配不完善，或者各个红外探测器等器件的响应度不一致以及热像仪与外界输入的非均匀性（表现为输入光谱变化时的非均匀性响应）造成的；第二种是由结构表面的加热不均引起的；第三种是由材料表面的发射率不均匀而产生的。

对于第一种非均匀性问题，可采用定标校正和基于场景的非均匀性校正方法[207,208]进行处理，现在的热波检测系统在设计时已经处理了该问题，本书不再做深入研究。对于加热不均匀或材料表面发射率不均匀引起的图像非均匀性问题，一般通过背景分离法来消除[209]。由于不存在理想无限大平面热源，实际检测中必然存在着加热不均匀现象。对等试件标定的方法还存在时间匹配和空间定位困难的问题，在实际检测对象表面状况或结构比较复杂时，比如贮箱一般为圆柱壳或球壳结构，该方法的应用受限。针对上述问题，提出以下两种红外热图像的非均匀性校正方法。

4.1.1 基于表面发射率系数校正矩阵的非均匀性校正

任何温度高于绝对零度的物体都向外发射红外线，利用红外热像仪镜头上的探测器感知材料表面发射出的能量，然后输出敏感光谱范围内与射线能量呈线性关系的图像，即可表征材料表面的温度分布，用于检测结果的分析。红外热波检测方法的基本原理是普朗克定律和斯特藩-玻尔兹曼定律[210]，普朗克方程给出了黑体的温度与其光谱辐射出射度在波长 λ 的确切关系：

$$M_{\lambda}(T)=2\pi hc^{2}\lambda^{-5}\left(e^{\frac{hc}{\lambda K_{B}T}}-1\right) \tag{4.1}$$

式中，$M_{\lambda}(T)$ 为黑体的光谱辐射出射度，$W/(m^2\cdot\mu m)$；h 为普朗克常数，6.6262×10^{-34} J·s；K_B 为玻尔兹曼常数，1.3807×10^{-23} J/K；c 为光速，3×10^{8} m/s；T 为黑体的热力学温度，K；λ 为波长，m。

斯特藩-玻尔兹曼定律给出了物体温度与辐射功率的关系：

$$W=\varepsilon\sigma T^{4} \tag{4.2}$$

式中，W 为物体单位面积发射的辐射功率，W/m^2；σ 为斯特藩-玻尔兹曼常数，$5.66\times10^{-8}\,W/(m^2\cdot K^4)$；$\varepsilon$ 为发射率，随温度和波长而变，且依赖于不同的材料、材料表面情况和观察角度，它的值在 0～1 之间，仅能由实验决定。对一特定的固体材料，表面情况一定，探测器也已知，ε 通常视为常数，即 ε 随温度和观察角的变化可忽略。

基于上述定律，在没有其他因素干扰的情况下，可以认为在开始检测时，表面各个点的温度分布是均匀的，而检测图像显示的表面温度不均匀分布，反映出材料上各个点的表面发射率不均匀。因此，对于由 $m\times n$ 个像素点组成的材料表面，利用检测过程中初始若干帧红外热图像建立表面发射率系数矩阵 $\boldsymbol{\varepsilon}_{[m\times n]}$：

$$\boldsymbol{\varepsilon}_{[m\times n]}=\begin{bmatrix}\varepsilon(1,1) & \varepsilon(1,2) & \cdots & \varepsilon(1,n)\\ \varepsilon(2,1) & \varepsilon(2,2) & \cdots & \varepsilon(2,n)\\ \cdots & \cdots & \cdots & \cdots\\ \varepsilon(m,1) & \varepsilon(m,2) & \cdots & \varepsilon(m,n)\end{bmatrix} \tag{4.3}$$

则热像仪可捕捉到材料表面上$[i,j]$点的辐射能量为：

$$M_{[i,j]}(T)=2\pi hc^{2}\lambda^{-5}\varepsilon_{[i,j]}\left(e^{\frac{hc}{\lambda K_{B}T}}-1\right) \tag{4.4}$$

根据热辐射定律，红外热图像所记录的各个像素点的辐射能量与表面发射率系数成正比，以表面上某点 $[i_0, j_0]$ 的表面发射率为校正标准，用检测中获得的热图像对此发射率矩阵进行相应的处理，即可实现非均匀性的校正，校正后的表面温度分布为：

$$T_C(t)_{[i,j]} = T(t)_{[i,j]} \frac{\varepsilon_{[i_0,j_0]}}{\varepsilon_{[i,j]}} \tag{4.5}$$

4.1.2 基于改进表面温差提取的非均匀性校正

上述算法对表面发射率不均进行了校正，但在表面加热不均同时存在的情况下，该方法依然难以取得很好的校正效果，采用传统的温差提取方法会湮没一些损伤信息，导致检测结果不准确。为此，从损伤识别目标出发，可改进表面温差提取方法，对表面发射率和热激励源辐射能量的不均匀性进行校正。

在脉冲热波检测时，结构表面在 $t=0$ 时受到一宽度为 t_w 的热脉冲激励，同时采用热像仪记录材料表面的温度场变化，考虑到热波在材料中的传播是与时间相关的，因此腐蚀损伤处的热斑是在一定时间之后显现的。假设 t' 是 t_w 与热斑显现时间之间的某个时间，那么对于结构表面上任意位置 $[i,j]$，有：

$$T_{sound\_[i,j]}(t') = T_{[i,j]}(t') \tag{4.6}$$

式中，$T_{[i,j]}(t')$ 为 $[i,j]$ 位置的表面温度；$T_{sound\_[i,j]}(t')$ 为假设 $[i,j]$ 位置为正常区域时的表面温度，此关系式表明在时间 t' 时，结构的表面温度一致。

由一维理想情况下的材料表面温度表达式可知，正常区域的绝对温升值为：

$$T_{sound}(0,t) = \frac{q}{\sqrt{\pi\rho c\lambda t}} \tag{4.7}$$

在时间 t'，损伤处的热斑还未显现，任意位置都可被看作是正常区域，有：

$$T_{sound\_[i,j]}(t') = T_{[i,j]}(t') = \frac{q_{[i,j]}}{\sqrt{\pi\rho c\lambda t'}} \tag{4.8}$$

将材料参数和热激励源参数提取出来，对上述式子进行变换，可得到：

$$\frac{q_{[i,j]}}{\sqrt{\pi\rho c\lambda}} = \sqrt{t'}\, T_{[i,j]}(t') \tag{4.9}$$

那么，正常区域的表面温度升值可表示为：

$$T_{sound\_[i,j]}(t) = \frac{q_{[i,j]}}{\sqrt{\pi\rho c\lambda t}} = \frac{\sqrt{t'}}{\sqrt{t}} T_{[i,j]}(t') \tag{4.10}$$

由此，对结构中正常区域表面的温度场数据进行重建。

传统的表面温差定义为：

$$\Delta T_{[i,j]}(t) = T_{[i,j]}(t) - T_{sound}(t) \tag{4.11}$$

现对表面温差的提取方式进行改进，定义改进的表面温差为任意位置的表面温度与该位置假设为正常区域时的表面温度之差，即：

$$\Delta T_{[i,j]}(t)=T_{[i,j]}(t)-T_{\mathrm{sound\_}[i,j]}(t) \tag{4.12}$$

如果考虑到结构表面的初始温度，则改进的表面温差应表示为：

$$\Delta T_{[i,j]}(t)=[T_{[i,j]}(t)-T_{[i,j]}(0^-)]-[T_{\mathrm{sound\_}[i,j]}(t)-T_{\mathrm{sound\_}[i,j]}(0^-)] \tag{4.13}$$

式中，$T_{[i,\ j]}(0^-)$ 为该位置加热之前的表面温度。

以加热后结构表面的温升值来表示改进后的表面温差，得到：

$$\Delta T_{[i,j]}^{改进}(t)=T_{[i,j]}(t)-\frac{\sqrt{t'}}{\sqrt{t}}T_{[i,j]}(t') \tag{4.14}$$

4.2 热波检测图像增强

由于受到各种因素的干扰，红外热像仪获得的图像（红外热图像）往往存在高噪声、低对比度等问题，为了便于后续对损伤的定位和定量识别，需要对原始图像进行噪声过滤等预处理，即图像增强[210]。图像增强的目的是突出图像中的“有用”信息，扩大图像中不同特征之间的差别，热波检测中红外热图像增强的目的就是突出被检测结构表面的温度异常区域。用于图像增强的方法很多，如直方图均衡化、中值滤波、高通滤波、小波变换、Retinex算法、遗传算法、同态增晰等[173]，但这些方法没有针对红外热波检测热图序列的特点进行设计，其增强效果并不理想。为此，本书提出以下两种方法来对热波图像进行增强处理。

4.2.1 基于一阶微分热图像灰度翻转前后相减的图像增强

红外热图像反映的是受到脉冲热激励后材料表面的温度场分布，由一维理想情况下推导的材料表面温度表达式：

$$T_{\mathrm{sound}}(0,t)=\frac{q}{\sqrt{\pi\rho c\lambda t}} \tag{4.15}$$

以及含损伤区域的表面温度表达式：

$$T_{\mathrm{corr}}(0,t)=\frac{q}{\sqrt{\pi\rho c\lambda t}}\left[1+\sum_{n=1}^{\infty}\mathrm{e}^{-\frac{(2nh)^2}{4\alpha t}}\right] \tag{4.16}$$

可知，损伤区域的表面温度将与正常区域的表面温度产生差异，热图像上的热斑表明了损伤的存在，并反映了损伤的大小和深度等信息。如果损伤深度较浅或大小较小，热像仪就难以分辨损伤处的热斑，无法检测到损伤。因此，需要对采集的热图序列进行处理，以提高图像中损伤区域的对比度。

对式（4.15）和式（4.16）求导，得到：

$$\frac{\mathrm{d}T_{\text{sound}}(t)}{\mathrm{d}t}=-\frac{1}{2}\times\frac{q}{\sqrt{\pi\rho c\lambda}}t^{-\frac{3}{2}} \tag{4.17}$$

$$\frac{\mathrm{d}T_{\text{corr}}(t)}{\mathrm{d}t}=\frac{q}{\sqrt{\pi\rho c\lambda}}\left\{-\frac{1}{2}t^{-\frac{3}{2}}\left[1+\sum_{n=1}^{\infty}\mathrm{e}^{-\frac{(2nh)^2}{4\alpha t}}\right]+\frac{n^2h^2}{\alpha}t^{-\frac{5}{2}}\sum_{n=1}^{\infty}\mathrm{e}^{-\frac{(2nh)^2}{4\alpha t}}\right\} \tag{4.18}$$

按照上述方法对每一个像素点的温度曲线进行微分处理，得到损伤区域和正常区域的温度及其一阶微分曲线如图 4.1 所示。

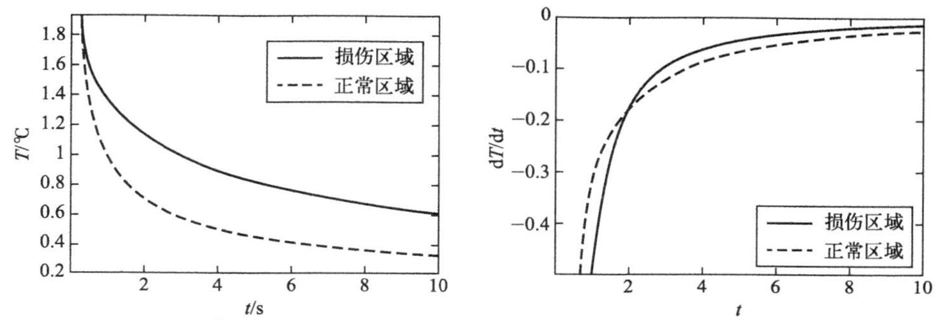

(a) 表面温度曲线　　(b) 表面温度一阶微分曲线

图 4.1　损伤区域与正常区域表面温度及其一阶微分曲线

从图 4.1 中可以看出，损伤区域表面温度在未处理时一直大于正常区域表面温度，经过一阶微分处理后，损伤对应表面的灰度值与正常区域经历了一个相对大小转换的过程。首先正常区域对应的表面灰度值大于损伤区域表面的灰度值，然后两条曲线相交，之后损伤区域对应的表面灰度值大于正常区域表面的灰度值，最终整个图像的灰度趋于一致。图像序列如图 4.2 所示。

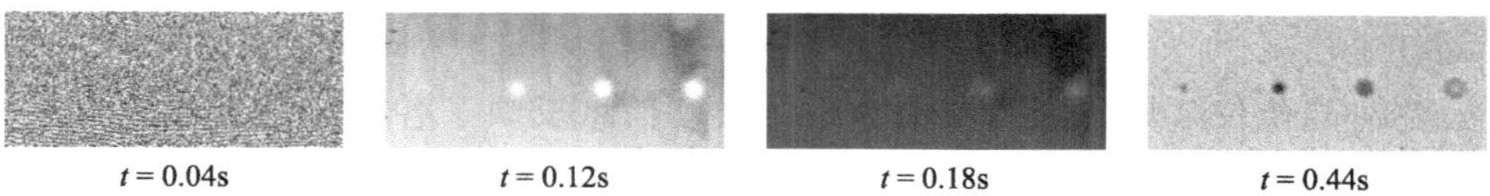

图 4.2　经过一阶微分处理后的序列热图

从图 4.2 中可明显看出，0.18s 左右，图像中损伤区域与正常区域灰度值的相对大小发生了翻转。经计算两条曲线的交点对应的时间为最佳检测时间，即损伤区域与正常区域对应的表面温差达到最大的时间。因此，可利用损伤区域与正常区域表面的灰度值转换前后图像相减来提高损伤的对比度，结果如图 4.3 所示。

由图 4.3（c）可以看出，损伤周围的噪声大大降低，损伤的对比度得到了相应的增强，最小蚀坑的热斑也被增强而显示出来。采用常用的图像降噪算法对相减后的图像进行处理，以增强腐蚀损伤的显示效果，结果如图 4.3（d）所示，

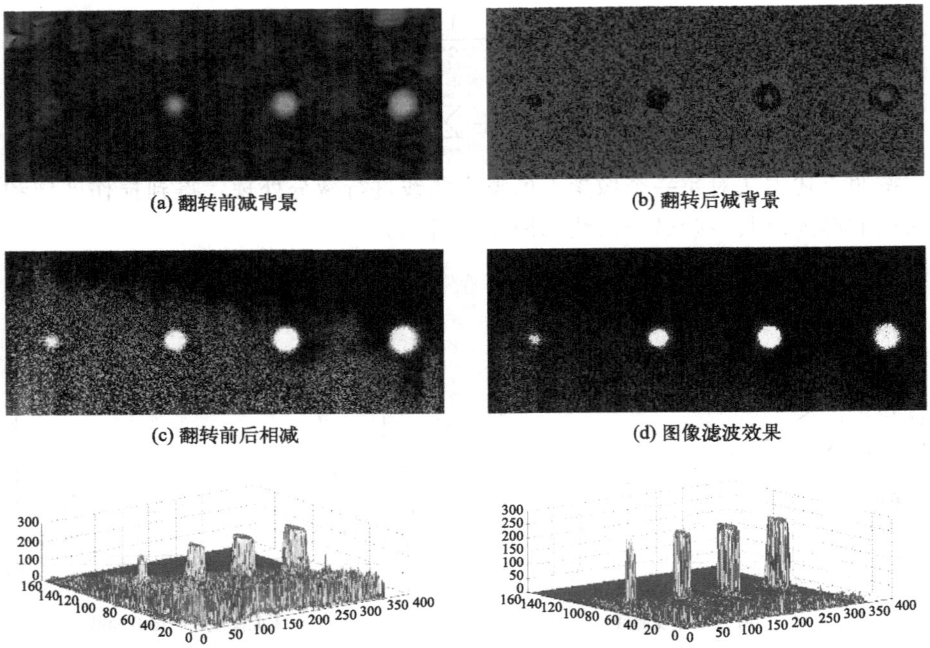

(a) 翻转前减背景　(b) 翻转后减背景

(c) 翻转前后相减　(d) 图像滤波效果

(e) 翻转前后相减图像的三维显示　(f) 滤波后图像的三维显示

图 4.3　一阶微分热图像灰度翻转前后相减的损伤图像增强效果

具体的热波检测非均匀性校正和图像增强处理见第 5.2.2 小节。从图 4.3（e）与（f）三维显示图中可以看出，经滤波处理后，图像中的噪声得到明显的抑制，损伤区域的对比度得到了提高。

4.2.2　基于二阶微分温度对比度图像灰度翻转前后相减的图像增强

红外热像仪采集到的图像信息中，灰度信息反映了各个像素点的温度对比度，即温差信息，一维理想情况下损伤区域与正常区域对应的表面温差变化为：

$$\Delta T=\frac{q_0}{\sqrt{\pi\rho c\lambda t}}\mathrm{e}^{-\frac{h^2}{\alpha t}} \tag{4.19}$$

损伤区域的表面温差先上升到一个最大温差，然后开始下降，直到温差变为 0。表面热图序列的灰度也将经过一个先上升后下降的过程，直到和正常区域平衡，如果温差过小，热像仪就难以分辨，无法检测到损伤。对式（4.19）求导，得到：

$$\frac{\mathrm{d}(\Delta T)}{\mathrm{d}t}=\frac{q_0}{\sqrt{\pi\rho c\lambda}}\left(-\frac{1}{2}t^{-\frac{3}{2}}\mathrm{e}^{-\frac{h^2}{\alpha t}}+\frac{h^2}{a}t^{-\frac{5}{2}}\mathrm{e}^{-\frac{h^2}{\alpha t}}\right) \tag{4.20}$$

$$\frac{\mathrm{d}^2(\Delta T)}{\mathrm{d}t^2}=\frac{q_0}{\sqrt{\pi\rho c\lambda}}\left(\frac{3}{4}t^{-\frac{5}{2}}\mathrm{e}^{-\frac{h^2}{\alpha t}}-\frac{3h^2}{a}t^{-\frac{7}{2}}\mathrm{e}^{-\frac{h^2}{\alpha t}}+\frac{h^4}{a^2}t^{-\frac{9}{2}}\mathrm{e}^{-\frac{h^2}{\alpha t}}\right) \tag{4.21}$$

这样，就可以得到与腐蚀区域对应的温差及其一阶微分和二阶微分曲线，如图 4.4（b）和（c）所示。可以看出，经过微分处理后，损伤区域与正常区域的对比度得到了一定程度的增强，并且对于一些加法性噪声，微分处理能够有效地去除。

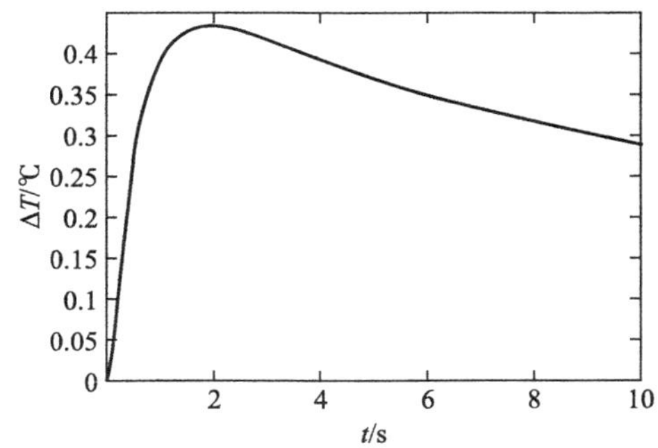

(a) 表面温差曲线

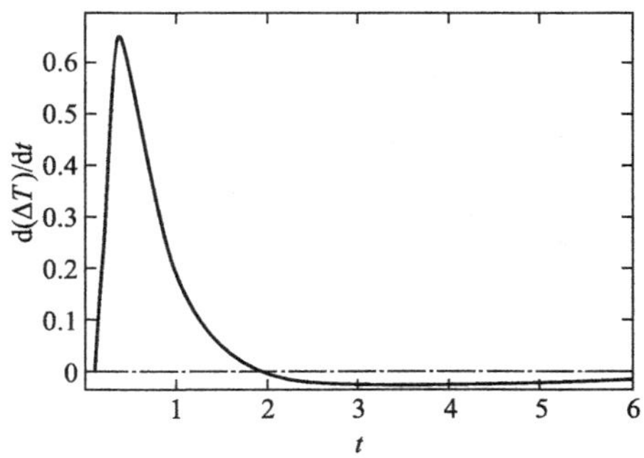

(b) 一阶微分曲线

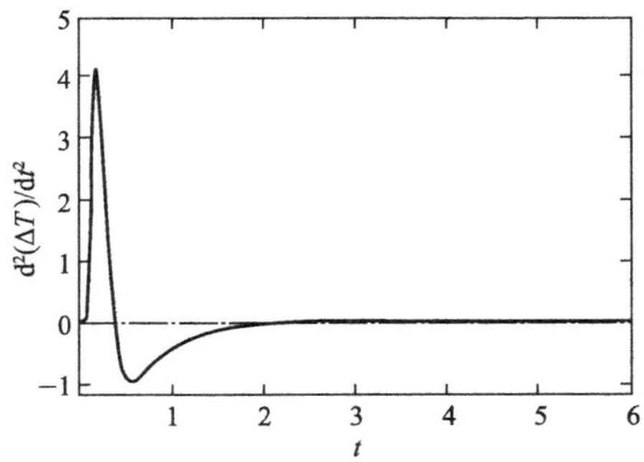

(c) 二阶微分曲线

图 4.4　腐蚀区域表面温差及其一阶、二阶微分曲线

按照上述方法对每一个像素点的温度曲线进行微分处理，得到二阶微分序列热图如图 4.5 所示。

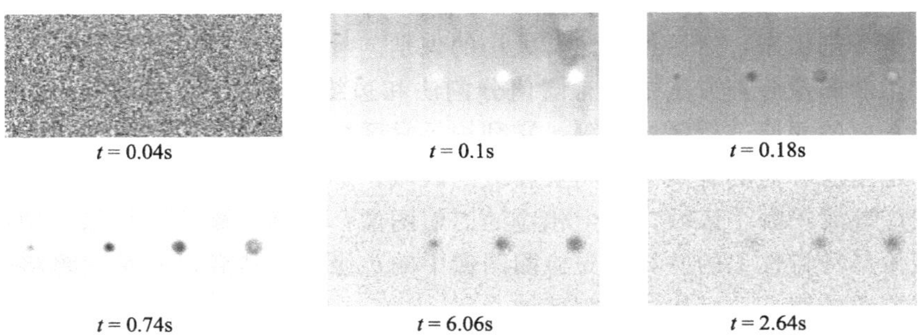

图 4.5　二阶微分处理的温度对比度序列红外热图像

由图 4.5 可以看出，损伤对应表面的灰度与正常区域相比经历了一个翻转的过程，首先灰度逐渐变大到一定程度后又开始减小，一直减小到小于正常区域的灰度，然后又继续增大，最终整个表面的灰度又趋于一致，利用灰度翻转前后的图像相减即可提高损伤图像的对比度，结果如图 4.6（a）所示。

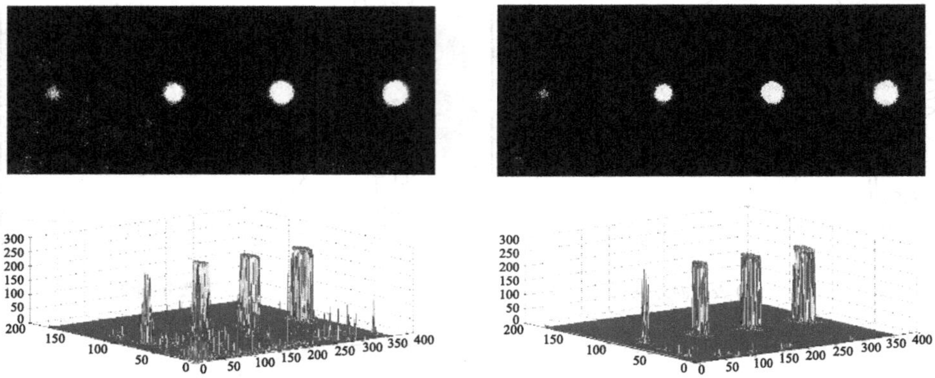

(a) 2nd(二阶微分)翻转前后图像相减的效果　　(b) 图像滤波结果

图 4.6　二阶微分温度对比度图像灰度翻转前后相减的损伤图像增强效果

由图 4.6 可看出，经过相减处理后，三个较大损伤周围的噪声大大降低，第 4 个损伤的对比度也得到了增强。在上述处理结果的基础上，利用同态滤波方法做进一步处理，可增强损伤的显示效果，有利于对损伤的识别，结果如图 4.6（b）所示。

4.3　腐蚀坑大小的定量识别

损伤大小与红外热图像中热斑的大小有着直接的关系，然而，由于热扩散的影响，热斑的边缘还存在模糊效应，使实际观察到的热斑大小与真实损伤大小有一定的偏差。因此，腐蚀坑大小的定量识别首先要把真实的损伤从带有模糊效应的热斑中分割出来，然后进行蚀坑大小的识别。

常用的图像分割方法主要有阈值分割法和边缘检测法[211]。阈值分割法是利用图像灰度的阈值进行区域分割，它利用异常区域与正常区域在图像灰度值上的差异，把图像分为具有两个不同灰度级的区域，选择一个合适的阈值，确定每个像素点应该属于哪个区域，产生相应的二值图像；边缘检测法则是基于物体和背景在图像某种特性上的差异，先检测图像中的边缘点，然后以某种策略将这些边缘点连接成轮廓，从而构成分割区域。

分别采用上述两种方法对增强后的热图像［图 4.3（d）］进行分割，结果如图 4.7、图 4.8 所示。

(a) 人工选择阈值法　(b) 全局阈值法　(c) 全局阈值Ostu法　(d) 局部阈值法

图 4.7　选取不同阈值后的分割效果

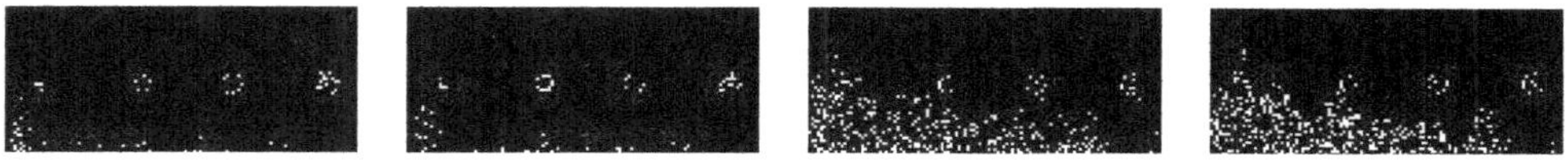

(a) Prewitt算子　(b) Roberts算子　(c) LOG算子　(d) Canny算子

图 4.8　选取不同算子的边缘检测效果

在研究热图像特点的基础上，本书提出基于突变理论的红外热图像损伤边缘识别方法和基于粒子群优化的模糊聚类热波图像分割方法，基于图像分割结果识别腐蚀损伤的大小。

4.3.1　基于尖点突变理论的红外热图像损伤边缘检测与分割

突变理论（catastrophe theory）是由法国数学家 René. Thom 于 1972 年创立的一种研究跃迁、不连续性和突然质变现象的一个新兴数学分支，它以系统的结构稳定性为出发点，综合运用拓扑学、奇点理论和结构稳定性等数学工具，处理现实生活中具有矛盾性的不连续现象[212]。在处理非连续性变化时，突变理论不需要考虑任何特殊的内在机制，而是根据一个系统的势函数把它的临界点进行分类，研究各个临界点附近的非连续变化特征，以此为基础探索自然和社会中的突变现象。图像分割则是依据图像中不同区域具有的灰度、颜色、纹理等特征的不连续性，将图像中具有相似特征的相邻像素提取出来的过程，而在区域之间的边界上一般具有灰度不连续性[211]。因此，可采用突变理论方法获取图像中某种特征（如灰度、纹理等）发生突变的临界点，实现图像边缘的检测[213]。

突变理论利用势函数描述系统的变量有两类：一种是状态变量，描述系统中可能出现突变的量，表示系统的行为状态；另一种是控制变量，指的是系统中作为突变原因的连续变化的因素，表示影响状态变量的各种因素。Thom 已经证明，当控制变量不超过 4 个时，只有 7 种基本突变形式，现已归纳出若干个初等突变模型[214]。

在一幅图像中，区域之间的状态转换不是渐进过程，而是一种突变，把图像中的信息看成是突变与非突变两种状态，这与尖点突变模型的双模态特征相一致。因此，将突变理论中的尖点突变模型引入热波图像的分割中。

尖点突变模型的基本思想[215]是：通过对突变模型的势函数 $f(x)$ 求一阶导

数，令 $f'(x)=0$，得到它的平衡曲面，而平衡曲面的奇点集可通过二阶导数 $f''(x)=0$ 求得，联立两式消去状态变量，便能得到只含控制变量的分歧方程。当控制变量满足分歧方程时，系统就会发生突变，从而得知各个控制变量对突变产生所起到的作用。

尖点突变模型的势函数为：

$$f(x)=x^4+ux^2+vx \tag{4.22}$$

突变流形为：

$$4x^3+2ux+v=0 \tag{4.23}$$

分岔集为：

$$8u^3+27v^2=0 \tag{4.24}$$

式中，x 为图像的状态信息，是状态变量；u 为图像的相位信息，v 为图像的幅度信息，两者是控制变量。

为了区分原始图像中的突变数据与正常数据，使其满足分岔集方程，需对图像进行坐标变换和坐标旋转，其具体实现过程为：

(1) 坐标变换

$$\begin{cases} x_1=x-v_{\mathrm{m}} \\ u_1=u-q_{\mathrm{m}} \\ v_1=v-o_{\mathrm{m}} \end{cases} \tag{4.25}$$

式中，v_{m} 为图像最大相位对应的最小边缘；q_{m} 为最大相位；o_{m} 为最大相位对应的最大幅度。

(2) 坐标旋转

$$\begin{cases} x_2=x_1 \\ u_2=u_1\cos\theta-mv_1\sin\theta \\ v_2=u_1\sin\theta-mv_1\cos\theta \end{cases} \tag{4.26}$$

式中，θ 为旋转的角度（依据待处理的图像特点具体选择）；m 为 q_{m} 和 o_{m} 的比值。

经过相应的坐标变换之后，图像尖点突变模型的突变流形和分岔集方程变为：

$$x_2^3+u_2x_2+v_2=0 \tag{4.27}$$

$$4u_2^3+27v_2^2=0 \tag{4.28}$$

采用尖点突变模型进行图像边缘检测的具体实施步骤为：

① 由于原始图像存在“高噪声、低对比度”等问题，在分割之前利用滤波器对原始图像进行平滑滤波处理，降低图像噪声，提高图像中损伤区域的对比度。

② 利用有限差分法计算图像幅值和相位，计算公式为：

$$m[i,j]=\sqrt{p[i,j]^2+q[i,j]^2} \tag{4.29}$$

$$\theta[i,j]=\arctan\left(\frac{q[i,j]}{p[i,j]}\right) \tag{4.30}$$

式中，p $[i,j]$ 为图像在 x 方向上的偏导数；q $[i,j]$ 为图像在 y 方向上的偏导数；m $[i,j]$ 为图像的幅度信息；θ $[i,j]$ 为图像的相位信息。

③ 利用第二步中计算出的图像的幅度、相位信息及图像本身信息建立尖点突变模型。

④ 利用坐标变换公式（4.25），对尖点突变模型进行坐标变换。

⑤ 利用归一化公式将模型中控制变量由不同的性质转化为同一种性质的变量，然后利用尖点突变模型的判别式将变量进行归一化，由公式 $u_2^3-v_2^2<0$ 来判别图像中灰度值发生突变的点。

对经过预处理之后的热波检测图像，利用公式（4.29）和公式（4.30）分别计算图像的幅值和相位，在得到其幅值和相位的基础上，建立尖点突变模型。然后根据公式（4.25）和公式（4.26）对模型进行坐标变换（其中 $\theta=\pi/3$），提取图像中灰度值突变的点，提取结果如图 4.9 所示。

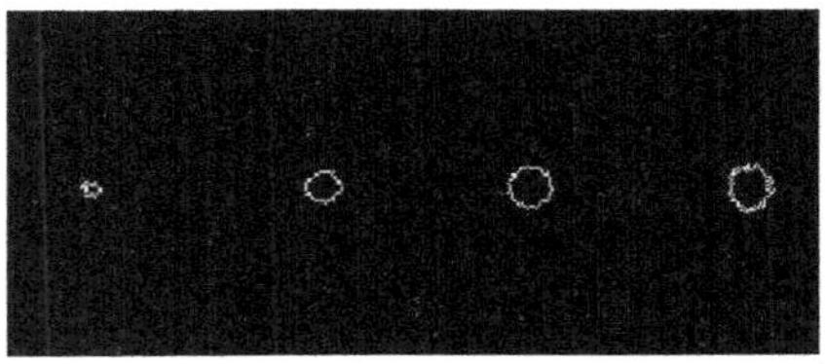

图 4.9　图像中像素突变点的提取结果

从图 4.9 中看出，基于突变理论对热图边缘识别后，图像中像素值突变点出现了骨架不连续的问题，为了实现对损伤区域大小的识别，对边缘识别后的图像进行膨胀运算，使突变点连接而将损伤区域划分出来，膨胀后的结果如图 4.10（a）所示。在图像中像素值突变点膨胀的结果图上，对突变点内的区域进行填充，填充结果即为经过尖点突变理论分割提取后的损伤区域，如图 4.10（b）所示。

由此可知，基于突变理论边缘检测结果进行图像分割时，还应有以下两个步骤：

① 将得到的突变点进行膨胀运算，得到图像中损伤的基本轮廓。

② 提取膨胀后的损伤边缘的骨架，然后提取图像中的损伤区域。

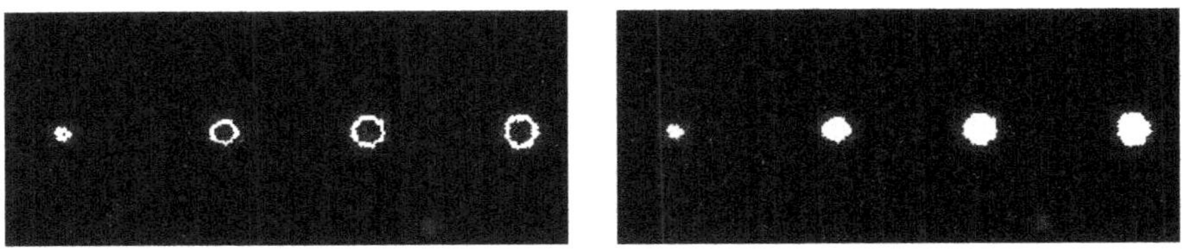

(a) 突变点膨胀结果

(b) 损伤区域填充结果

图 4.10　像素值突变点膨胀及损伤区域填充结果

4.3.2 基于粒子群优化模糊聚类的红外热图像分割

（1）粒子群算法

粒子群算法（particle swarm optimization，PSO）是由 Kennedy 和 Eberhart 于 1995 年提出的一种基于群智能演化计算技术，目前已在函数优化、神经网络训练、模式分类、图像处理以及其他工程领域得到了广泛的应用[188]。在 D 维空间中，其标准粒子群算法的进化方程为：

$$v_{id}=\omega v_{id}+c_1r_1(p_{id}-x_{id})+c_2r_2(p_{gd}-x_{id}) \tag{4.31}$$

$$x_{id}^{\text{new}}=x_{id}^{\text{old}}+v_{id}\ i=1,2,\cdots,n\ ,d=1,2,\cdots,D \tag{4.32}$$

式中，ω 为惯性权重，通常是从 0.9 线性减小到 0.2；c_1 为自身经验的偏好度；c_2 为群体经验的偏好度；r_1 和 r_2 为取值介于（0，1）之间的随机数；v_{id} 为第 i 个粒子在第 D 维空间中的速度向量；p_{id} 为第 i 个粒子在第 D 维空间中的历史最优位置（个体极值）在该维度的分量；x_{id} 为第 i 个粒子当前在第 D 维空间中的位置分量；p_{gd} 为整个粒子群在第 D 维空间中的历史最优位置（全局极值）在该维度的分量；x_{id}^{new} 为第 i 个粒子在第 D 维空间中更新后的位置分量；x_{id}^{old} 为第 i 个粒子在第 D 维空间中更新前的位置分量。

迭代终止条件根据具体问题一般选为最大迭代次数或粒子群迄今为止搜索到的最优位置满足预定最小适应阈值。

（2）模糊聚类算法

传统的聚类算法中，每个数据通过计算最终都将属于一个且唯一的聚类，这样的算法可以视为“硬”聚类算法。然而在现实世界中大量存在着界限并不分明的聚类问题，模糊聚类扩展了传统聚类的思想，通过使用隶属函数，可以把每一个数据分配给所有的聚类[216]。把目标数据集 x（含有 n 个样本）聚成 c 类（其中 $2\leqslant c\leqslant n$）的 FCM（模糊 C-均值）聚类算法的基本思想是找到隶属函数 $(u_{ij})_{c\times n}$ 以及 c 个类的中心 $B=(v_i,\ \cdots,\ v_c)$，使得给定的目标函数 $J=\sum\limits_{i=1}^{c}\sum\limits_{j=1}^{n}(u_{ij})^m d^2(x_i,x_j)$ 最小，式中，$m\in[1,\infty)$ 是加权指数，是可以控制聚类结果的模糊程度的常数，$d(x_i,x_j)$ 是第 j 个样本到第 i 类的欧氏距离。

根据拉格朗日乘数法，在满足 $\sum\limits_{i=1}^{c}u_{ij}=1$ 时，目标函数取得极小值的必要条件为：

$$u_{ij}=1\Big/\sum_{k=1}^{c}\left(\frac{d_{ij}}{d_{kj}}\right)^{\frac{2}{m-1}} \tag{4.33}$$

$$v_i=\frac{1}{\sum\limits_{j=1}^{n}(u_{ij})^m}\sum_{k=1}^{n}(u_{ik})^m x_k \tag{4.34}$$

若数据集 x、聚类类别数 c 和权重 m 已知，就可以由上面的两个公式确定最佳的分类矩阵和聚类中心。

（3）基于粒子群优化的模糊聚类算法

图像信息本身的复杂性和相关性，使得在图像处理的过程中出现不确定性和不精确性，这些不确定性和不精确性主要体现在灰度的模糊性、几何模糊性以及知识的不确定性等。这种不确定性并不是随机的，因此不适合用概率论的知识来处理[217]。模糊集理论对图像的不确定性描述能力较强，并且对于图像中噪声有较好的鲁棒性，所以国内外许多学者都将模糊理论用于图像分割中。目前结合模糊集合概念的图像分割方法中较为常用的是模糊 C-均值聚类算法。但是，模糊 C-均值聚类算法中自变量（待聚类点的坐标值）与目标函数都是离散的量，存在着许多极值，容易陷入局部最优，并且该算法对初始值和噪声比较敏感，聚类速度和图像分割效果都受影响。为了解决这个难题，将群智能算法中的粒子群算法引入模糊聚类算法中，提出 PSO-FCM 算法，以期达到全局寻优、快速收敛的目的。

将模糊 C-均值用于图像分割时，引入图像灰度直方图来代替图像的数据样本，使得计算量较少，提高了计算速度。基于灰度直方图的快速 FCM 算法的目标函数为：

$$W_m(U,V)=\sum_{k=0}^{L}\sum_{i=1}^{C}(u_{ik})^m(d_{ik})^2h(k) \tag{4.35}$$

式中，$h(k)$ 为待处理图像的灰度直方图，$k=0\sim L$，L 为图像灰度的最大值；u_{ik} 为第 k 个灰度级在第 i 个类中的隶属度；d_{ik} 为第 k 个灰度级与第 i 个聚类中心的距离，定义为 $(d_{ik})^2=\|k-z_i\|^2$，其中 z_i 是第 i 个聚类中心的灰度值。

将粒子群模糊 C-均值算法引入图像分割中，对于每个像素的评价可以采用适应度函数 $f(x_i)$，其定义为：

$$f(x_i)=\frac{\lambda}{J_m(u,v)} \tag{4.36}$$

式中，λ 为常数；$J_m(u,v)$ 为总的类间离散度和。$J_m(u,v)$ 越小，聚类效果越好，个体适应度 $f(x_i)$ 就越高。

该算法的实现步骤为：

① 给定分类类别数 c，模糊指数 m，群体规模 n，学习因子 c_1 和 c_2，惯性权重 ω。

② 初始化 n 个聚类中心并编码，形成第一代粒子。

③ 计算聚类中心，$v_i=\dfrac{1}{\sum_{k=0}^{L}(u_{ik})^m}\sum_{k=0}^{L}(u_{ik})^m h(k)$。

④ 对每一个聚类中心求隶属度 u_{ik}。

⑤ 按公式（4.36）求出每个像素的适应度，若好于该像素当前最好位置的适应度，则更新该像素个体的最好位置；若所有像素最好位置的适应度都好于当前全局最好位置的适应度，则更新全局的最好位置。

⑥ 利用公式（4.31）和式（4.32）更新每个像素的速度和位置，产生下一代粒子群。

⑦ 如果当前的迭代次数达到预先设定的最大次数，则停止迭代。在最后一代中寻找最优解，否则转到步骤③继续。

按照上述粒子群模糊聚类方法的理论和步骤，对图 4.3（d）图像中第二个蚀坑的热图像进行分割处理。其相关参数的设置为：分类类别数 $c=3$，群体规模 $n=40$，学习因子 $c_1=c_2=2$，惯性权重 $\omega_{\max}=0.9$，$\omega_{\min}=0.4$，模糊指数 $m=2$，最大迭代次数为 500，对粒子群算法计算出来的聚类中心值进行图像分割，结果如图 4.11 所示。

(a) 第二个蚀坑滤波后图像　　(b) PSO-FCM分割

图 4.11　粒子群模糊聚类方法图像分割

对比图 4.7 可知，经过基于粒子群优化的模糊聚类算法处理后，能较好地保持损伤形状，并去除损伤以外的噪声和背景。

4.3.3　基于热图像分割结果的蚀坑数目和大小识别

经过图像分割后，损伤区域已经是像素值为 1 且连接在一起的所有像素的集合，分别对突变理论图像分割结果和 PSO-FCM 分割结果进行损伤定量识别，为了测量损伤的大小，先对分割后图像中的损伤进行提取。提取的过程为：首先显示提取的原图像［图 4.10（b）或图 4.11（b）］，然后采用二值链码技术确定损伤的数目、大小、位置。

二值链码技术的特点是利用具有特定长度和方向的相连的直线段表示目标的边界。根据链的斜率不同，有 4 链码、6 链码和 8 链码，如图 4.12 所示，其中 8

链码是较为常用的表示方法。在一幅平面图像中，由一个像素到另外一个像素可以有 8 个不同的方向，给每个方向定义一个编号，就形成了链码。一个用链码来表示的缺陷如图 4.12（d）所示，从损伤的边界上任选一点 Q 作为链码的起点，链码表示形式与链码的行进方向有关。若选逆时针为链码的行进方向，则链码为：$Q\rightarrow 4576012135$；若选顺时针为链码的行进方向，则链码为：$Q\rightarrow 1756542310$。

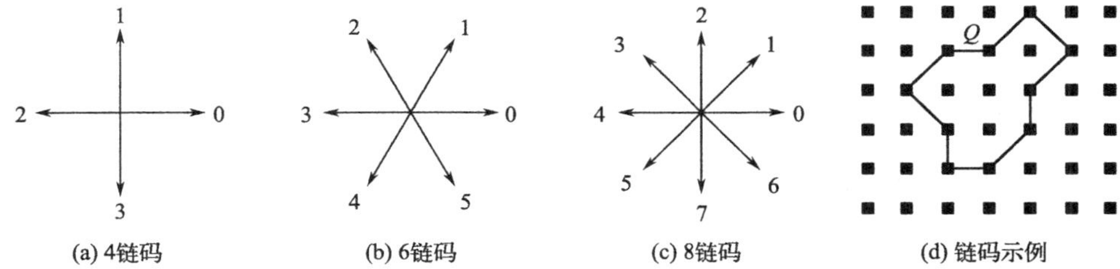

图 4.12　链码表示形式及其示例

同时，在 8 链码的二值图像中，将腐蚀区域像素点的取值设为 1，未腐蚀区域像素点的取值设为 0。对于图像中任意一个取值为 1 的像素点 $[i,j]$，若其附近 8 个像素点的取值为 1，则该像素点为腐蚀区域内部像素点；若附近 8 个像素点中有一个或一个以上与其取值不同，则该像素点为腐蚀区域边界像素点；若附近 8 个像素点的取值均与其不同，则该像素点为腐蚀区域孤立点。这样，取值为 1 的内部像素点、边界像素点即构成了蚀坑数目集合 C1，孤立点构成集合 C2，则集合 C1 和 C2 的和即为蚀坑数目。这样 Q 的坐标及 Q 的链码就完整地包含了损伤区域的数目、形状和位置信息。因此，可利用链码计算损伤区域的数目、面积、质心、周长、长径、短径和平均直径等[211]。

① 面积 A。用损伤区域 R 含有的像素点数表示，其计算公式为：

$$A=\sum_{(x,y)\in R}1 \tag{4.37}$$

② 质心 $M(\overline{X},\overline{Y})$。对 $M\times N$ 的数字图像，其质心计算公式如下：

$$\left.\begin{aligned}\overline{X}&=\frac{1}{MN}\sum_{x=1}^{M}\sum_{y=1}^{N}xf(x,y)\\\overline{Y}&=\frac{1}{MN}\sum_{x=1}^{M}\sum_{y=1}^{N}yf(x,y)\end{aligned}\right\} \tag{4.38}$$

③ 长径 L 和短径 S。以损伤的质心为旋转中心，按照一定的旋转步长（即每次旋转的角度），使损伤逆时针旋转 90°，每旋转一次，计算一次损伤外接矩形的面积，面积最小的外接矩形的长和宽即损伤的长径和短径。

④ 周长 P。用八邻域搜索算法跟踪出损伤的边缘，并用 Freeman 链码表示出来，然后根据链码值，奇数链码长度为 $\sqrt{2}$，偶数链码长度为 1，将链码对应

的长度相加，便得到周长。周长 P 计算公式如下：

$$P=\frac{\sqrt{2}+1}{2}n-\frac{\sqrt{2}-1}{2}\sum_{i=1}^{n}(-1)^{C_i} \tag{4.39}$$

式中，n 为边缘像素总数；C_i 为链码的方向数（0～7）。

以图 4.10（b）中第二个蚀坑和图 4.11（b）为例，计算腐蚀损伤的基本信息，并与实际参数相比较，结果如表 4.1 所示。

表 4.1 损伤定量识别结果

蚀坑参数		突变理论方法		PSO-FCM 方法	
参数	真实值	测量值	误差	测量值	误差
直径/mm	15	14.4974	3.35%	15.2973	1.98%
周长/mm	47.1	40.9350	13.09%	51.9372	10.27%
面积/mm^2	176.625	164.4946	6.87%	188.7062	6.84%

从表 4.1 中可以看出，蚀坑直径的分割误差不超过 5%，分割效果较好。突变理论图像分割中损伤的定量识别误差比 PSO-FCM 方法的大，这是因为应用突变理论进行边缘识别后又进行了图像边缘的连接处理，导致图像中产生了伪边缘。但从总体上说，突变理论方法处理后，热图像分割的误差在可接受的范围内，因此，这两种方法都能够用于热波检测图像中损伤的分割提取，并可以取得较好的效果。其中，PSO-FCM 方法的定量识别准确度相对较高。

4.4 应力腐蚀裂纹长度的定量识别

由超声热波方法检测裂纹损伤的基本原理可知，在超声波的作用下，裂纹表面的相对滑移、摩擦产生热量，利用热像仪可采集到局部温度变化，在热图像中反映了裂纹的特征，因此，可基于图像处理方法进行应力腐蚀裂纹长度的定量识别。其基本处理过程是：首先对超声热波图像进行增强，然后采用图像分割等手段提取裂纹的主干并计算裂纹长度。

4.4.1 超声热波检测图像的二值化处理

超声热波方法在检测过程中对结构裂纹选择性地加热，在裂纹附近产生较为明显的温度突变，可采用突变理论对裂纹区域进行边缘识别，但温度突变使得图像上裂纹区域的特征非常明显，采用比较简单的二值化处理技术即可满足图像边缘检测的需求，二值化处理后的图像容易进行损伤结构特征的提取。

图像二值化[211] 是将超声热图像的灰度图转化为仅由 0、1 构成的二维矩阵，其中 0 表示像素处于背景区域，1 表示像素处于裂纹区域。采用全局阈值分割的方法对图像进行二值化处理，通常选取图像中几个正常区域位置灰度值的均值作为阈值。

图 4.13（a）是 LD10 应力腐蚀裂纹试件的超声热波方法检测热图像，具体检测过程见第 5.5 节，热图像的二值化处理结果如图 4.13（b）所示。

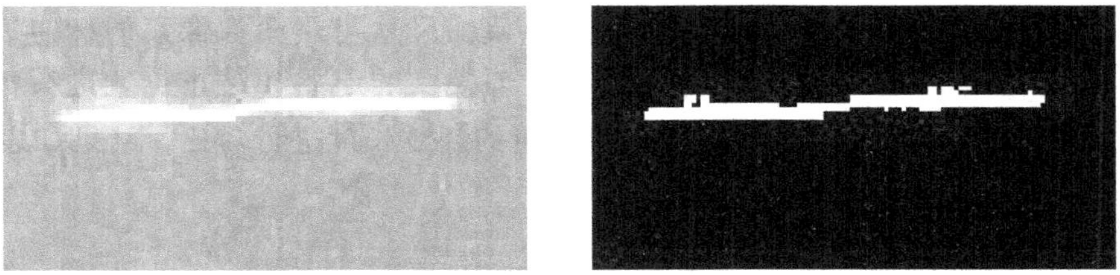

(a) 裂纹热图像　　(b) 二值化处理效果

图 4.13　超声热波检测裂纹热图像及其二值化处理

由图 4.13（b）看出，二值化处理后的裂纹图像不能反映真实的裂纹主干特征。阈值的选择会影响处理效果：阈值较大会使处理后的裂纹区域偏大，阈值较小会使图像中出现不连续或孔洞现象。为了消除阈值选择不当产生的影响，可对图像进行膨胀和腐蚀处理[218]。膨胀是对图像中的损伤边缘添加像素，腐蚀则是删除图像中损伤边缘的像素，为了达到较好的处理效果，某些情况下可进行多次膨胀和腐蚀处理。对图 4.13（b）进行膨胀和腐蚀处理后的结果如图 4.14 所示。

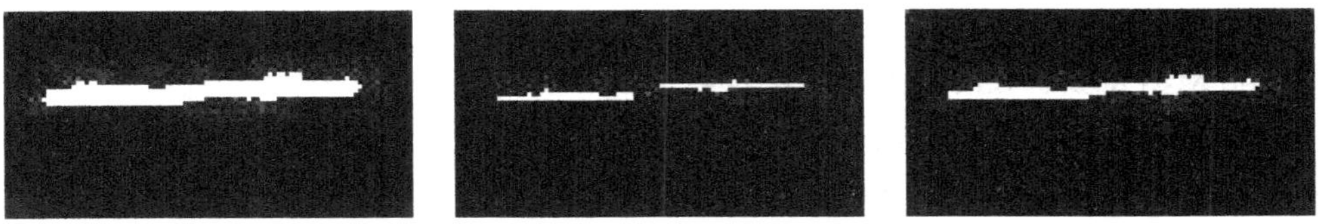

(a) 一次膨胀　　(b) 一次腐蚀　　(c) 膨胀后腐蚀

图 4.14　裂纹图像的膨胀腐蚀处理

4.4.2　裂纹主干的提取和定量识别

经过膨胀和腐蚀处理，图像中的不连续和孔洞现象被消除，为裂纹主干的提取提供了基础。采用形态学算子[219]去掉图像中的内点，得到如图 4.15 所示的裂纹主干。

提取主干的裂纹图像是像素值为 1 且连接在一起的所有像素的集合，这样就可以方便地选用像素数量来表示裂纹主干的长度。首先测得裂纹长度的像素值，

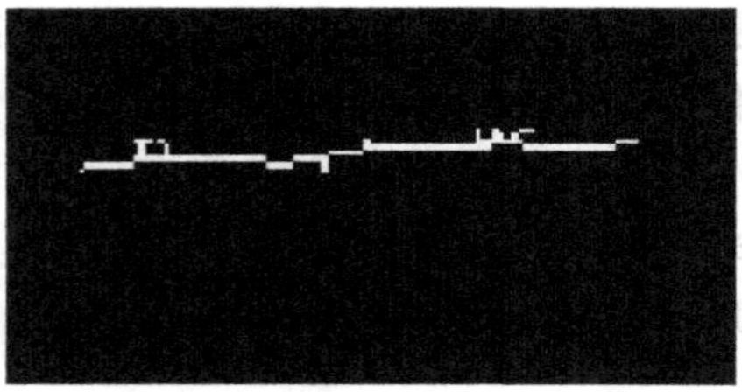

图 4.15 裂纹主干的提取结果

在试件的热图像像素与真实尺寸标定的基础上，可算出裂纹的真实长度为：

$$l_{crack}=l_{pixel}\eta \tag{4.40}$$

式中，l_{crack} 为裂纹的真实长度；l_{pixel} 为裂纹长度的像素值；η 为试件真实尺寸与热图像像素的标定因子。对裂纹的起始和终止位置进行标定，计算出裂纹长度的识别结果与光学方法测量的裂纹长度进行对比，结果如表 4.2 所示。

表 4.2 裂纹长度识别结果

项目	光学方法	超声热图像处理	误差
裂纹长度/mm	25.48	26.4715	3.89%

裂纹长度识别结果表明，对表面微裂纹，超声热图像处理后与光学方法的识别误差为 3.89%，因此，该方法可用于超声热波技术对应力腐蚀裂纹的长度识别。

4.5 腐蚀坑深度/贮箱剩余壁厚的定量识别

腐蚀坑深度（或贮箱剩余壁厚）是表征贮箱腐蚀程度的重要特征参数，一直是热波检测领域研究的热点，目前已经提出了多种热波损伤深度识别方法。针对一些方法数据处理过程烦琐、计算结果易受三维热扩散影响等问题，在总结几种典型损伤深度计算方法的基础上，通过对热波检测过程中获得的温度数据进行变换和处理，提出几种新的热波损伤深度定量识别算法。

4.5.1 几种典型的热波损伤深度计算方法

（1）表面温差峰值时间方法（peak contrast time，PCT）

PCT 方法也称为最佳检测时间法。其特征时间为表面温差达到最大的时间，与损伤深度的平方成正比：

$$t_{pct}=\frac{2h^2}{\alpha} \tag{4.41}$$

（2）表面温差变化率峰值法（peak slope time，PST）

PST 法是对表面温差进行一阶微分，得到热对比度变化率曲线，取其峰值对应的时刻作为特征时间：

$$t_{\mathrm{pst}}=\frac{2h^{2}}{(3\pm\sqrt{6})\alpha} \tag{4.42}$$

求解得出了两个特征时间，为了尽量减少三维热扩散对检测结果的影响，通常取第一个极值点对应的时间作为特征时间。

(3) 绝对温度变化率峰值时间法 (absolute peak slope time，APST)

APST 方法是对脉冲加热后材料表面温度与初始温度的绝对温差进行处理分析的，首先对绝对温差表达式进行变换，然后求变换后函数的极值得到一个特征时间。比较典型的一种 APST 方法的特征函数[143,144] 是：

$$f(t)=T(t)\sqrt{t}=\frac{q}{\sqrt{\pi\rho c\lambda}}\left[1+\sum_{n=1}^{\infty}\mathrm{e}^{-\frac{(nh)^{2}}{\alpha t}}\right] \tag{4.43}$$

当 $n=1$ 时，$f(t)=\frac{q}{\sqrt{\pi\rho c\lambda}}\left(1+\mathrm{e}^{-\frac{h^{2}}{\alpha t}}\right)$

对上述方程进行一阶微分并求极值，即可得到 APST 法的特征时间：

$$t_{\mathrm{apst}}=\frac{h^{2}}{2\alpha} \tag{4.44}$$

APST 方法与 PCT 方法的特征时间一样，但 APST 方法直接对表面温度数据进行变换，减少了正常区域选取和表面温差的计算，一定程度上避免了非均匀性问题，提高了损伤识别的准确度。

(4) 对数峰值二阶微分法 (logarithmic peak second-derivative method，LPSD)

LPSD 方法[142,220] 不需要事先确定参考区域，而是直接对表面温度取对数后，对时间的对数进行二阶微分处理，以二阶微分对数温度曲线中的峰值对应的时刻作为特征时刻，也称为对数曲线二阶微分峰值法 (peak second derivative of logarithmic temperature time，PSDT)。其特征时间为：

$$t_{\mathrm{lpsd}}=\frac{h^{2}}{\pi\alpha} \tag{4.45}$$

4.5.2 瞬时温度对比度变化率峰值时间法 (PSTC)

瞬时温度对比度是描述热波检测能力的典型参数之一，其定义为损伤区域和正常区域表面温差与正常区域温升的比值，若忽略热波在材料中的高次反射，则可将瞬时温度对比度表示为：

$$C_{\mathrm{r\text{-}sound}}=\frac{T_{\mathrm{corr}}(0,t)-T_{\mathrm{sound}}(0,t)}{T_{\mathrm{sound}}(0,t)-T_{0}}=\frac{\Delta T(t)}{T_{\mathrm{sound}}(t)}=\frac{\frac{q}{\sqrt{\pi\rho c\lambda t}}\mathrm{e}^{-\frac{h^{2}}{\alpha t}}}{\frac{q}{\sqrt{\pi\rho c\lambda t}}}=\mathrm{e}^{-\frac{h^{2}}{\alpha t}} \tag{4.46}$$

式中，$C_{r\text{-}sound}$ 为相对于正常区域的瞬时温度对比度；$T_{corr}(0,t)$ 和 $T_{sound}(0,t)$ 分别为腐蚀区域和正常区域在 t 时刻相对于初始时刻的温度；$T_{sound}(t)$ 为正常区域在 t 时刻相对于初始时刻的温升值；T_0 为初始环境温度。

按照上述方法，对瞬时温度对比度进行一阶和二阶微分处理，得到如图 4.16 所示的曲线。

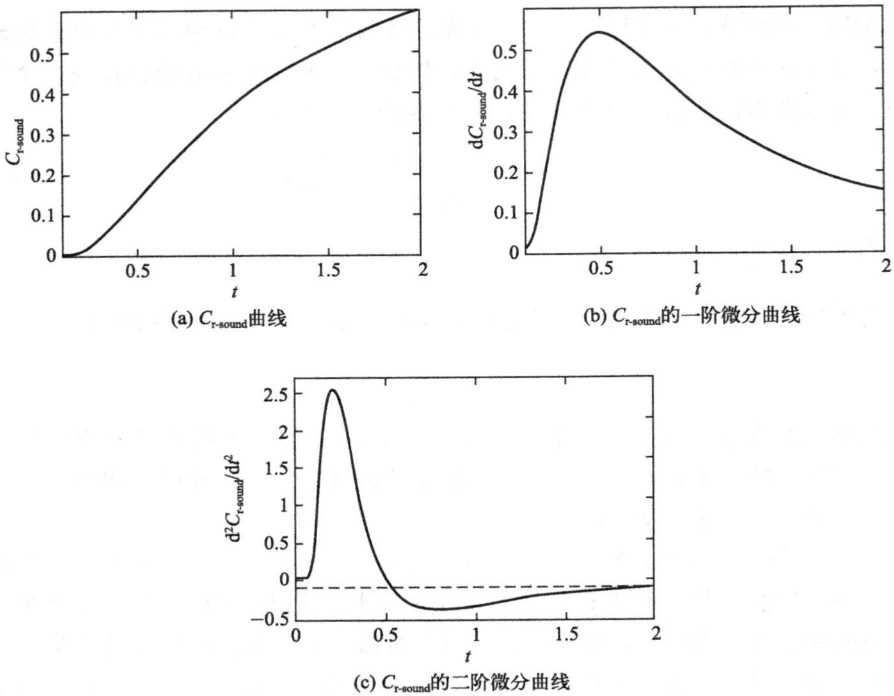

(a) $C_{r\text{-}sound}$曲线

(b) $C_{r\text{-}sound}$的一阶微分曲线

(c) $C_{r\text{-}sound}$的二阶微分曲线

图 4.16　PSTC 法深度识别方法原理

从图 4.16 中可以看出，瞬时温度对比度随着时间的延续而增大，但瞬时温度对比度的变化率则是先增大后减小的，存在一个峰值，而这个峰值对应的时间与损伤深度具有某种特定的关系，因此，提出损伤深度识别的瞬时温度对比度变化率峰值时间法（peak slope time of transient temperature contrast，PSTC）。

计算瞬时温度对比度变化率峰值对应的特征时间为：

$$t_{C_{r\text{-}sound}}=\frac{h^2}{2\alpha} \tag{4.47}$$

若采用损伤区域的表面温度作为参考温度，则可得到特征时间：

$$t_{C_{r\text{-}corr}}=\frac{h^2}{2.3994\alpha} \tag{4.48}$$

由于传统的温差获取方法容易受到表面发射率不均或热激励辐射能量不均的

影响，采用前面提出的改进表面温差提取方法来获取瞬时表面温差和计算瞬时温度对比度，可以减小热波检测过程中非均匀性的影响，提高损伤深度识别的准确度。

4.5.3 温度比变化率峰值时间法（PSTR）

在实际检测过程中，热像仪采集到的是材料表面上每一个像素点的温度序列值，因此，可以获得材料表面上损伤区域和正常区域的温度比，其表达式为：

$$C(t)=\frac{T_{\text{corr}}(0,t)-T_0}{T_{\text{sound}}(0,t)-T_0}=1+\mathrm{e}^{-\frac{h^2}{\alpha t}} \tag{4.49}$$

对比瞬时温度对比度表达式，可发现温度比比瞬时温度对比度仅多了数值 1，因此，温度比的变化率曲线中也有一个峰值，以温度比变化率峰值时间（peak slope time of temperature radio，PSTR）来表示这个特征时间，即：

$$t_{\text{pstr}}=t_{\text{pstc}}=\frac{h^2}{2\alpha} \tag{4.50}$$

虽然两种方法对应相同的特征时间，但在实际计算时，PSTR 方法的计算过程省去了表面温差的计算，不需要选取参考区域，减少了一次误差的引入，可在提高损伤识别速度的同时降低识别误差。

4.5.4 归一化温差变化率峰值时间法（PSTNTC）

采用最大表面温差来对表面温差数据进行归一化处理，可求得归一化后的表面温差变化率峰值时间与损伤深度之间的特定关系，提出计算损伤深度的归一化温差变化率峰值时间法（peak slope time of normalized temperature contrast，PSTNTC），其数据处理的基本原理如下。

由前面推导的最大表面温差：

$$\Delta T(t)_{\max}=\frac{q}{\sqrt{\pi\rho c\lambda t}}\mathrm{e}^{-\frac{h^2}{\alpha t}}\Bigg|_{t=\frac{2h^2}{\alpha}}=\frac{q}{h\rho c\sqrt{2\pi\mathrm{e}}} \tag{4.51}$$

对表面温差数据进行归一化处理，得到归一化的表面温差：

$$N_{\Delta T}=\frac{T_{\text{corr}}(t)-T_{\text{sound}}(t)}{[T_{\text{corr}}(t)-T_{\text{sound}}(t)]_{\max}}=\frac{\dfrac{q}{\sqrt{\pi\rho c\lambda t}}\mathrm{e}^{-\frac{h^2}{\alpha t}}}{\dfrac{q}{h\rho c\sqrt{2\pi\mathrm{e}}}}=\sqrt{\frac{2\mathrm{e}}{\alpha t}}h\,\mathrm{e}^{-\frac{h^2}{\alpha t}} \tag{4.52}$$

对归一化后的表面温差求一阶微分，得到图 4.17 所示曲线。

从图 4.17 中可以看出，一阶微分曲线有一个极大峰值点 $t_{C_{\Delta T-1}}$、一个零点和一个极小峰值点 $t_{C_{\Delta T-2}}$，显然零点位置对应的是 t_{pct}，计算另外两个峰值对应的

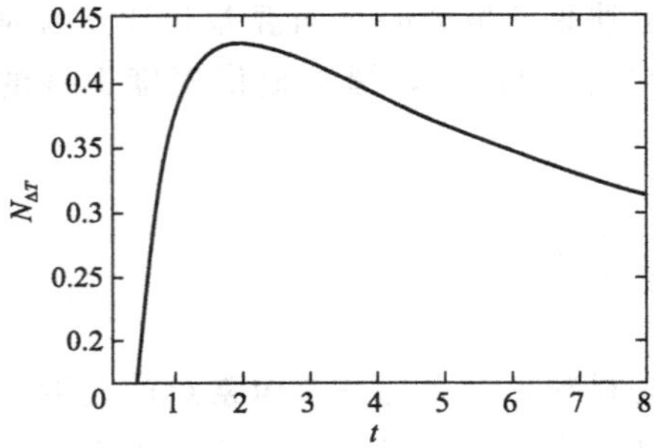

(a) $N_{\Delta T}$曲线

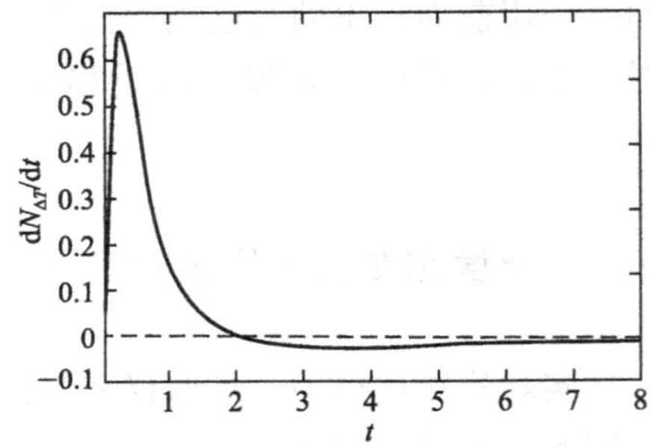

(b) $N_{\Delta T}$一阶微分曲线

图 4.17　PSTNTC 法深度识别方法的原理

时间，得到：

$$t_{\mathrm{pstntc}}=\frac{6\pm 2\sqrt{6}}{3\alpha}h^{2} \tag{4.53}$$

图 4.17 中极大峰值点对应的时间 $t_{C_{\Delta T-1}}$ 小于 t_{pct} ，对于深度较大的损伤，使用较早的特征时间来计算损伤深度，可以减少三维热扩散对检测结果的影响。但计算发现，对于 1mm 深度的损伤，假设使用的热像仪的最高数据采集频率为 50Hz，其采集时间间隔为 0.02s，则其可检出的材料的热扩散率最大值为 $1.835\times10^{-5}\ \mathrm{m^2/s}$。一般金属材料的热扩散系数都大于这个值，不适宜用 $t_{C_{\Delta T-1}}$ 作为特征时间，如铝合金材料的热扩散系数约为 $4.5\times10^{-5}\mathrm{m^2/s}$，计算出的特征时间为 0.008s，使用 50Hz 的热像仪则捕捉不到该数据。因此，根据工程检测的实际情况，对于热扩散系数小的材料或较大深度损伤，采用 $t_{C_{\Delta T-1}}$ 作为特征时间来计算损伤深度；而对于热扩散系数较大的材料或较浅损伤，采用极小值点对应的特征时间 $t_{C_{\Delta T-2}}$ 来计算损伤深度，可以减小测量误差。

5

贮箱腐蚀损伤的热波检测试验技术

在热波检测理论分析、数值模拟、结果处理及腐蚀损伤定量识别方法研究的基础上，本章将针对液体贮箱的各种腐蚀形态，有针对性地设计制作典型试件，利用红外热波方法进行检测试验研究，分析红外热波方法在贮箱腐蚀检测中的可行性、优越性和局限性，利用前面提出的红外热图像处理方法对实验结果进行处理和分析，实现腐蚀损伤的定量识别，以验证上述处理方法的正确性和有效性，制定基于红外热波方法的贮箱腐蚀损伤检测策略。

5.1 概述

5.1.1 检测试验目的

针对贮箱的各种腐蚀形态，分别采用脉冲红外热波方法和超声红外热波方法进行腐蚀损伤检测试验，分析红外热波方法的适用性和局限性，并对检测结果进行分析处理，实现对贮箱腐蚀损伤的定量识别，为实现基于热波检测结果的贮箱剩余寿命预测奠定基础。

5.1.2 检测试验设备

试验采用自主研发的脉冲热波检测系统和超声热波检测系统完成，如图 5.1 所示。其中图 5.1（a）为脉冲热波检测系统，图 5.1（b）为超声热波检测系统。脉冲热波检测系统主要由脉冲热激励装置、热图像采集处理系统组成，超声热波检测系统由超声热波激励装置、检测试验固定装置和热图像采集处理系统组成，这两套设备共用热图像采集处理系统。

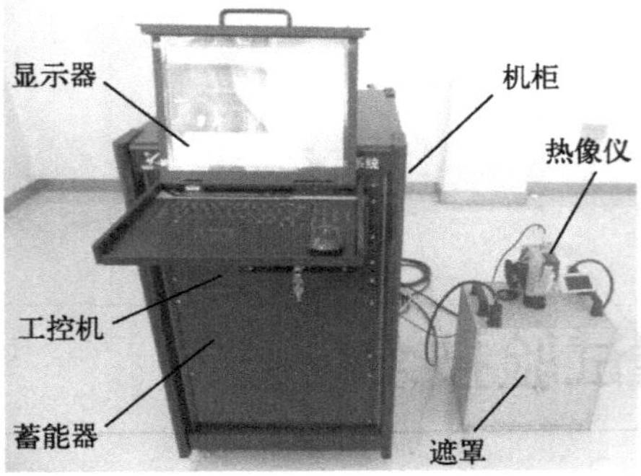

(a) 脉冲红外热波检测试验系统

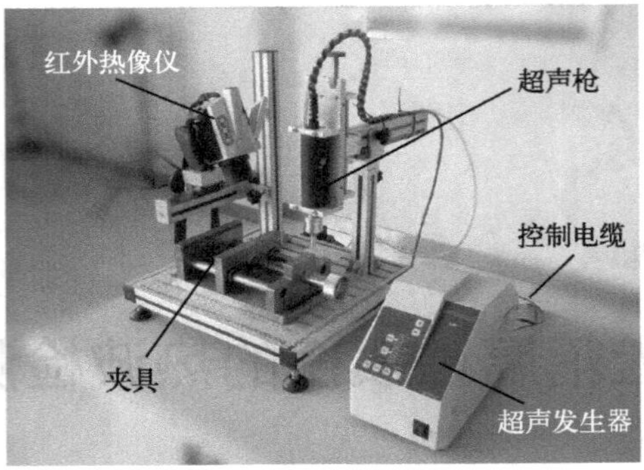

(b) 超声红外热波检测试验系统

图 5.1 试验硬件系统

(1) 脉冲热激励源

采用两只高能脉冲闪光灯作为脉冲热激励源，脉冲宽度为 2ms，每个闪光灯最大能量为 2400J，以美国 Speedotron 公司的 4803CX LV 电源箱作为蓄能器来给高能脉冲闪光灯提供能量，分为九个档位来调节闪光灯的输出能量。在工控计算机发出激发指令后，脉冲闪光灯迅速对被测物体表面进行均匀加热，然后快速充电。控制器可以精确控制闪光灯的触发，并能够输出所需的各种交、直流电压。

(2) 超声热激励源

超声热激励装置采用美国生产的 2000LPt 型超声塑焊机，包括超声波发生器、HT-480 型超声枪及钛合金激励头，如图 5.1 (b) 所示。该设备产生超声波的频率为 40kHz，输出功率 500W，输入电压 200～240V，交流电频率 50/60Hz，1ph (单向电)，可以通过振幅参数来调整输出功率百分比。超声作用模式分为连续输出和按时间输出，持续时间范围为 50ms～9.99s，振幅输出为 10%～100%，设备尺寸为 229mm×197mm×76mm，质量 7kg。

(3) 红外热像仪

试验采用的红外热像仪为德国 InfraTec 公司生产的 Vhr 680 科研专家型非制冷型红外热像仪，如图 5.1 所示。该热像仪采用非制冷 640×480 像素焦平面探测器，可以提供优异的图像分辨率，具有精确的温度测量能力和高稳定性，探测器的光谱响应范围为 7.5～14μm，热灵敏度在 30℃时＜0.04℃，优化模式下＜0.03℃，测量精度±2% (＜0℃或＞100℃) 或±1.5℃ (0～100℃)，采集频率为 50/60Hz，热像仪镜头为 (30×23)°的广角镜头，视场 (d=1m) 为 (53×40) cm，空间分辨率 0.8mrad。

5.1.3 检测试验准备及试验参数设置

根据材料腐蚀形态的特点和试件制作工艺水平，设计制作了几类试件：圆形蚀坑腐蚀试件、球冠形蚀坑腐蚀试件、加注不同介质的腐蚀试件、应力腐蚀裂纹试件等，基本上涵盖了贮箱结构中一些常见的腐蚀形态。

为提高样本对热激励的吸收率，试验前需要对样本进行表面处理，采用一种可溶于水的黑漆均匀喷涂于样本表面，减少由加热不均和表面发射率不均导致的图像非均匀问题，在一定程度上增强损伤的检测能力[221]。环境对流换热和周围热源会对检测结果有影响，试验前采取关闭窗户、拉好窗帘等措施，排除对流换热和周围热源的干扰。

试验前对红外热像仪进行校正，用黑体对热像仪进行温度标定，调整热像仪镜头，使其离试件的距离在 11～45cm 之间，调整热像仪的焦距，使视场均匀，确保被测构件图像显示清晰。做好上述准备工作后，就可以根据被检测对象的特点，设置检测参数。对于金属材料，由于其传热速度快，需要设置较高的采集频率，实验中设置为最高的 50Hz，采集时间设为 20s。

脉冲热波检测时，将两个脉冲热激励源均调节到最大档位 4800J，保证充足的能量能够导入被检测对象内。超声热波检测时，首先将试件用夹具固定好，然后设置超声枪的作用时间为 200ms，振幅输出为 100%，设置好后，便可启动超声装置和热像采集装置开始试验。为保护试件和增加超声的激励效果，需要在超声枪探头和试件之间加入一层耦合物质，不同物质（金属片、纸片、皮革、医用膏药等）作耦合物对试验结果的影响也不同，其中医用膏药的耦合效果最好，下述超声热波检测试验中，均采用该材料作为耦合物。

通常在热激励开始前先存储几帧图像，记录激励前材料的表面温度分布，作为热波检测非均匀性校正、图像预处理和图像增强的参考，以提高损伤识别的准确度。

5.2 含圆形蚀坑钢材料腐蚀损伤试件的热波检测及分析

5.2.1 试件设计与制作

金属材料腐蚀损伤一般采用平底洞试件，试件由金属钢材料制作而成，尺寸为 280mm×200mm×6mm，背面加工有 8 个平底洞模拟的圆形腐蚀坑，上方 4 个蚀坑的深度同为 1mm，直径分别为 20mm、15mm、10mm、5mm，下方 4 个蚀坑直径同为 20mm，深度分别为 2mm、3mm、4mm、5mm，其结构尺寸如图 5.2 所示。

为了清楚地分析蚀坑特征参数与检测参数之间的对应关系，试验时将试件进行了分块，上半块为不同大小圆形蚀坑，下半块为不同深度圆形蚀坑，分别针对蚀坑的大小和深度特征进行检测和识别。

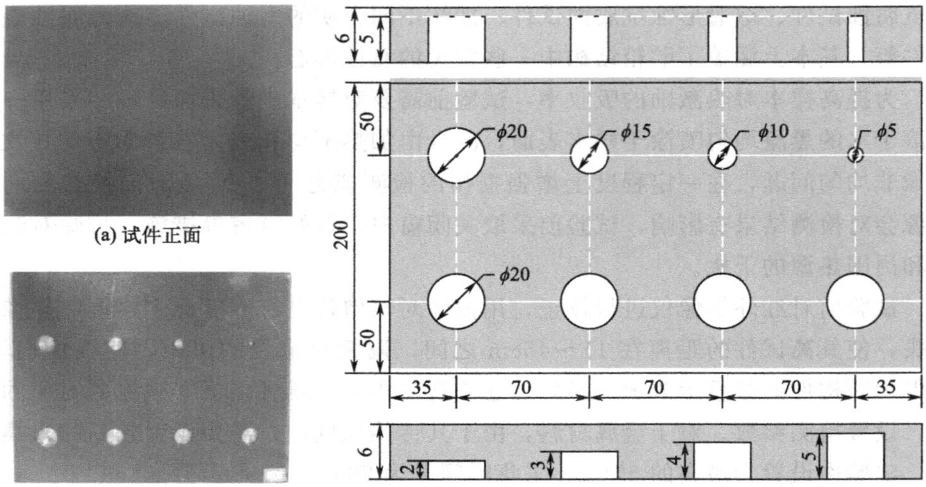

(a) 试件正面

(b) 试件背面

(c) 试件尺寸图，单位：mm

图 5.2 钢材料腐蚀圆形蚀坑模拟试件

5.2.2 不同大小圆形蚀坑的检测与识别

（1）脉冲热波检测试验结果及分析

图 5.3 是钢材料圆形蚀坑腐蚀试件上半块的脉冲热波检测结果。

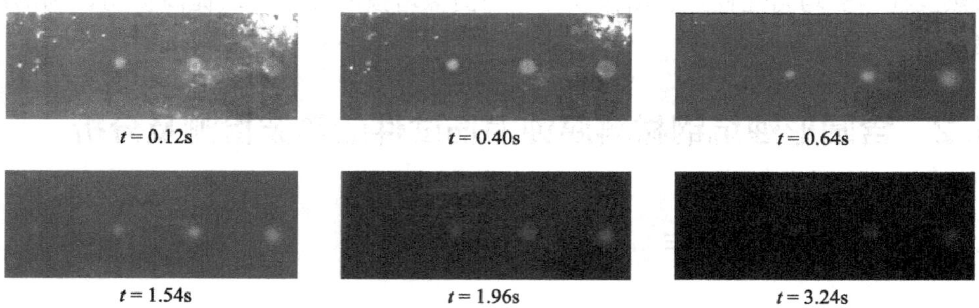

图 5.3 不同大小钢材料圆形蚀坑的热波检测原始热图序列

从图 5.3 中可以看出，4 个同深度不同大小的蚀坑在同一时刻以亮斑形式显现，随着时间的推移，亮斑的对比度逐渐增强，之后亮斑逐渐模糊，3s 以后，热图上的热斑逐渐模糊，最终随着热波在试件中的横向传播，表面温度场分布趋于均匀。其中，最小蚀坑对应的亮斑最先消失，而最大蚀坑对应的亮斑持续时间较长，表明腐蚀损伤越大，对表面温度场的影响越大，越容易被检测到。由三维传热分析可知，材料的横向热传导将使表面温度场趋于一致，只有在温度场趋于一致之前才能判断腐蚀，因此，检测时机的选择非常重要。

从图中还可以看出，由于材料表面加热不均和发射率不均匀，材料表面出现了大量热斑和噪声，采用第 4.1.1 小节提出的表面发射率系数校正矩阵法对表面发射率非均匀性进行校正，结果如图 5.4 所示。

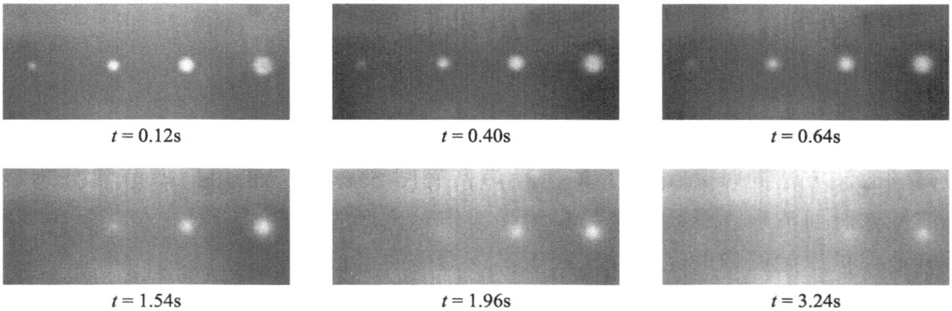

图 5.4 钢材料圆形蚀坑试件表面发射率校正后的序列热图

从图 5.4 中看出，校正后，由材料表面发射率不均匀引起的大量热斑和噪声得到了抑制，但较小蚀坑的热图像信号较弱，若不注意观察，将会被漏检。为了增强损伤的显示效果，采用前述研究的图像增强方法对原始热图进行处理。

(2) 热图像处理及蚀坑大小的定量识别

首先采用一阶微分热图像灰度翻转前后相减的损伤图像对比度增强方法对图像进行增强，其处理效果如图 5.5 所示。

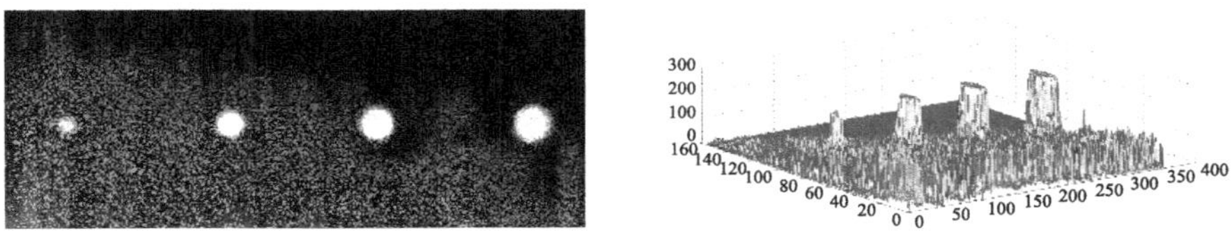

(a) 一阶微分热图像灰度翻转前后相减　　(b) 三维显示效果

图 5.5 一阶微分热图像灰度翻转前后相减的图像增强效果

按照蚀坑直径由小到大的顺序，将蚀坑依次编号为蚀坑 1～蚀坑 4。从图 5.5 中可以看出，一阶微分图像相减处理后的原始图像中，蚀坑 3 和蚀坑 4 周围的噪声得到较大程度的抑制，但蚀坑 1（最小蚀坑）处仍然比较模糊，淹没在噪声中。采用常用的降噪算法对图 5.5 的图像进行滤波处理，获得如图 5.6 所示的图像。

观察图 5.6（a）发现，中值滤波方法在一定程度上削弱了图像中的噪声，但对信号强度较弱的损伤，容易在滤波中被掩盖；由图 5.6（b）、（c）可以发现高

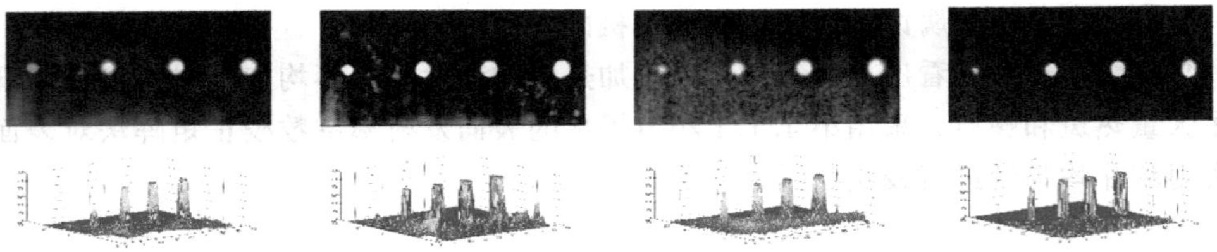

(a) 中值滤波　　(b) 高频强调滤波　　(c) 高斯滤波　　(d) 同态滤波

图 5.6　各种图像滤波方法处理效果比较

频强调滤波和高斯滤波方法处理后，图像中损伤区域对比度增强效果比较明显，但高频滤波方法同时又引入了其他噪声；而图 5.6（d）采用同态滤波处理后，热波图像画面清晰、画质饱满，在增强损伤对比度的同时，明显减少了噪声，能更好地保护原始图像的完整性，利于实现损伤的定量识别。

为了从检测的结果中提取真实的腐蚀信息，分别采用基于突变理论的图像边缘识别方法和基于粒子群优化的模糊聚类热波图像对同态滤波处理后的图像（图 5.6（d））进行分割，结果如图 5.7 所示。

根据分割的结果，采用链码技术原理将各个损伤逐一提取，确定蚀坑的位置、直径、周长及面积等信息，实现损伤的定量识别，识别结果见表 5.1 和表 5.2。

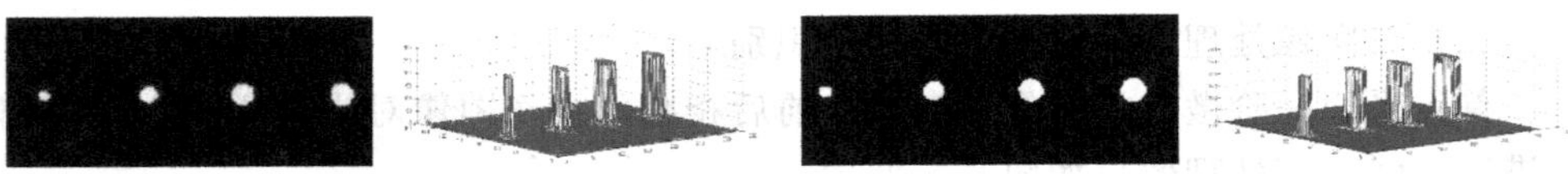

(a) 突变理论方法　　(b) PSO-FCM方法

图 5.7　腐蚀损伤分割结果及三维显示效果

表 5.1　圆形蚀坑损伤位置识别结果　　单位：mm

蚀坑中心	蚀坑 1	蚀坑 2	蚀坑 3	蚀坑 4
设计位置	(35，50)	(105，50)	(175，50)	(245，50)
计算位置	(34.1663，51.4436)	(103.5257，50.6971)	(173.8354，50.0951)	(244.2465，49.5390)

表 5.2　圆形蚀坑损伤大小的定量识别结果

蚀坑参数			突变理论方法		PSO-FCM 方法	
蚀坑	参数	真实值	测量值	误差	测量值	误差
蚀坑 1	直径/mm	5	4.7406	5.19%	5.1157	2.32%
	周长/mm	15.7	10.3796	33.89%	18.0927	15.24%
	面积/mm^2	19.625	17.5249	10.70%	21.4154	9.12%

续表

蚀坑参数			突变理论方法		PSO-FCM 方法	
蚀坑	参数	真实值	测量值	误差	测量值	误差
蚀坑 2	直径/mm	10	9.5038	4.96%	10.2036	2.04%
	周长/mm	31.4	25.4722	18.87%	35.3093	12.45%
	面积/mm^2	78.5	84.3059	7.39%	84.0892	7.12%
蚀坑 3	直径/mm	15	14.4974	3.35%	15.2973	1.98%
	周长/mm	47.1	40.9350	13.09%	51.9372	10.27%
	面积/mm^2	176.625	164.4946	6.87%	188.7062	6.84%
蚀坑 4	直径/mm	20	19.5737	2.13%	20.2832	1.42%
	周长/mm	62.8	57.6235	8.24%	66.9259	6.57%
	面积/mm^2	314	300.3041	4.36%	331.8666	5.69%

由表 5.1 可知，蚀坑中心位置识别结果的准确度较高，主要有两方面因素导致了误差的产生：一是试件加工工艺水平低，平底洞的制作位置与设计位置有偏差；二是图像处理时，蚀坑中心是通过计算像素点集合的中心来确定的，蚀坑边缘信息的弱化（或加强）导致了中心位置计算时的偏差。但从计算结果来看，中心位置的识别值与真实结果相差不大，具有较高的定位精度。

由表 5.2 可知，基于突变理论的热图像处理和 PSO-FCM 热图像处理方法都具有较高的损伤识别准确度，而且蚀坑越大，损伤识别的准确度越高。采用突变理论方法进行图像分割时，由于对图像进行了腐蚀和膨胀处理，热图像中的一些边缘信息被消除，蚀坑大小的识别结果略小于真实值。采用 PSO-FCM 方法处理后的热图进行识别时，图像分割结果较好地保持了损伤形状，但由于三维热扩散的影响，蚀坑大小的识别值略大于真实值。

(3) 剩余壁厚/蚀坑深度的定量识别

剩余壁厚通过最佳检测时间（PCT 法）来估计，观察热图序列发现 4 个蚀坑对应的亮斑几乎同时达到最亮，即达到了表面温差最大。按蚀坑大小排列，4 个蚀坑对应的最佳检测时间分别约为 0.12s、0.14s、0.14s、0.16s，由一维理论计算公式 $h=\sqrt{t_{\text{best}}\alpha/2}$ ，可求得最大蚀坑对应的深度为 0.91mm，中间两个蚀坑的深度估计值为 0.85mm，而最小蚀坑的深度估计值为 0.78mm，误差较大。事实上，4 个蚀坑的深度一致，但最大蚀坑的估算误差最小，这是因为蚀坑较大时，其对应的表面中心温度变化受横向热扩散的影响较小，热流传播更趋近于一维理想状况。因此在识别蚀坑的大小时，如果几个蚀坑的深度相同，应尽量采用较大的蚀坑来估计，这样计算误差较小。

5.2.3 不同深度圆形蚀坑的检测及分析

(1) 脉冲热波检测试验结果及分析

为了便于分析，对钢材料腐蚀模拟试件下半部分的蚀坑进行编号，按照蚀坑深度由大到小（剩余壁厚由小到大）的顺序将蚀坑依次编号为蚀坑 5～蚀坑 8。采用脉冲热波方法，得到如图 5.8 所示的红外热图序列。

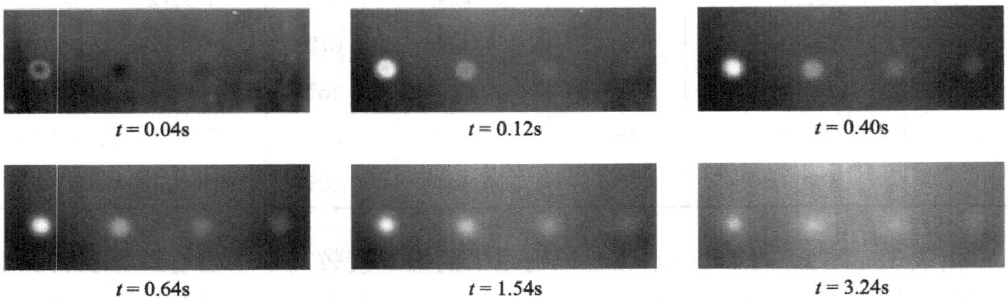

图 5.8 不同深度钢材料圆形蚀坑的热波检测原始热图序列

从图 5.8 中可以看出，4 个蚀坑的显现经历了一个从暗到亮，再从亮到暗的变化过程。在 0.04s 左右，蚀坑 5 以热斑的形式最先出现，随着时间的推移，深度较浅的蚀坑也开始显现，并且热斑越来越清晰。大约在 0.40s，蚀坑 8 的热斑显现，但通过热图难以观察出来，这是信号较弱的缘故。而后亮斑逐渐变得模糊，3s 以后，热图上的热斑逐渐模糊并最终随着热波的横向传播，表面温度场分布趋于均匀，看不出贮箱内壁的腐蚀损伤。其中，深度最小（剩余壁厚最大）的蚀坑所对应的亮斑最后显现却最先消失；持续时间最长的亮斑为深度最大（剩余壁厚最小）的蚀坑，这说明剩余壁厚越小，腐蚀对表面温度场的影响越大，相对越容易检测，采用热波方法能及时发现损伤并确定危险位置。

(2) 图像处理及蚀坑大小的定量识别

采用一阶微分热图像灰度翻转前后相减的对比度增强方法对图像进行增强，然后基于高频滤波和高斯滤波技术去除图像中的噪声，最后采用基于粒子群优化的损伤分割方法对红外热图像进行分割处理，图像处理的结果如图 5.9 所示。根据图像分割的结果，确定蚀坑的位置、直径、周长及面积等信息，识别结果如表 5.3 所示。

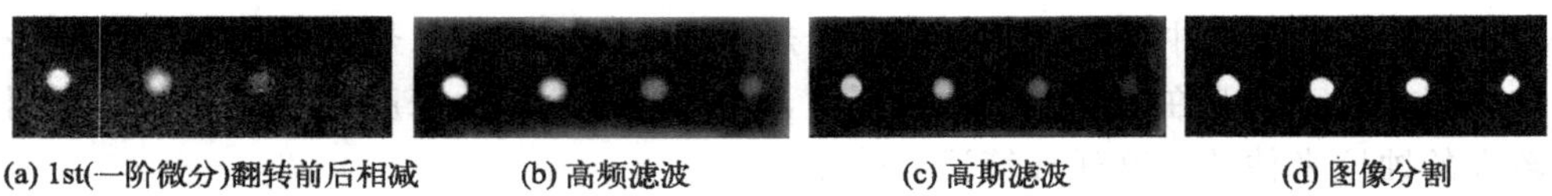

图 5.9 不同深度钢材料圆形蚀坑的热图像分割结果（0.40s）

表 5.3　不同深度圆形蚀坑大小的定量识别结果

蚀坑		直径/mm	周长/mm	面积/mm^2	蚀坑中心位置/mm	
		20	62.8	314		
蚀坑 5	测量值	21.1301	81.11	352.8715	真实值	(35，50)
	误　差	5.65%	29.15%	12.38%		
	测量值	20.3149	78.9926	319.2924	测量值	(35.1525，50.6212)
	误　差	1.57%	25.78%	1.68%		
蚀坑 6	测量值	20.4358	71.3357	298.6537	真实值	(105，50)
	误　差	2.18%	13.59%	4.89%	测量值	(104.9964，51.3484)
蚀坑 7	测量值	18.8514	87.6257	254.1389	真实值	(175，50)
	误　差	5.74	19.76	38.12	测量值	(176.3167，51.3443)
蚀坑 8	测量值	10.02	68.0023	136.38	真实值	(245，50)
	误　差	4.99	8.28	56.57%	测量值	(243.1484，50.5903)

由表 5.3 可以看出，蚀坑 5 和蚀坑 6 的测量值大于真实值，而蚀坑 7 和蚀坑 8 的测量值小于真实值，这是因为识别时选用了热波激励后 0.4s 时刻的热图像，剩余壁厚较薄处蚀坑早已显现，受三维热扩散的影响其热斑变大。

试验现象表明：蚀坑深度不同，表面温差达到最大的时间不同，选用某一帧图片进行分割时，不同深度蚀坑的热图像灰度对比度并不是都达到了最大，在滤波和图像分割时会删除一些蚀坑的边缘信息，尤其是在剩余壁厚较大的部位，这种现象更为严重。为了得到更精确的蚀坑大小信息，从原始图中把某个蚀坑区域裁剪出来单独进行处理。以蚀坑 5 为例（见图 5.9），对脉冲热激励后 0.18s 时的热图像进行背景分离、降噪和分割处理，结果如图 5.10 所示。

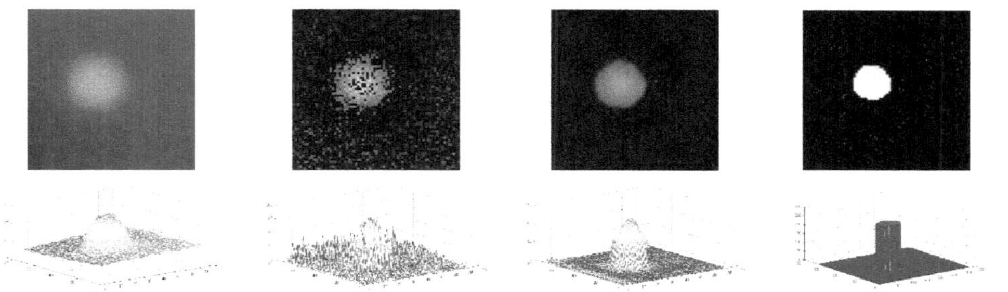

(a) 原始图像　　(b) 1st翻转前后相减　　(c) 同态滤波　　(d) 损伤分割

图 5.10　单独提取某个蚀坑图像的处理结果及三维显示效果（0.18s）

单独裁出处理后的识别结果见表 5.3 中带下划线的数据，对比发现：蚀坑的直径估算误差从 5.65%减小到了 1.57%，识别精度得到了提高。

5.2.4 不同深度腐蚀损伤部位剩余壁厚的定量识别

蚀坑深度与热斑出现的时间有着很重要的关系，蚀坑深度越大，贮箱剩余壁厚越小，腐蚀损伤越先被发现，因此可以根据蚀坑显现、持续或消失的时间来判断蚀坑的深度。提取脉冲热激励后蚀坑中心的表面温度数据，以正常区域的表面温度数据为参考，计算蚀坑区域的表面温差，得到如图 5.11 所示的温度和温差曲线。

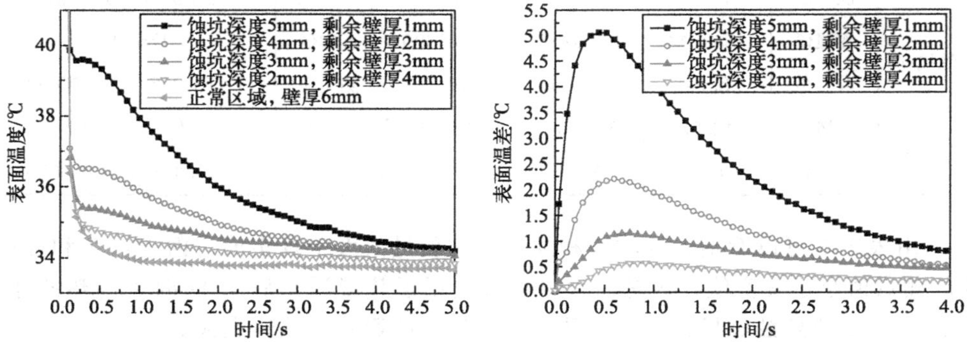

(a) 表面温度-时间曲线　　(b) 表面温差-时间曲线

图 5.11　脉冲激励后蚀坑中心表面温度和表面温差随时间的变化曲线

从图 5.11（a）中可以看出，降温开始阶段，各个位置的降温曲线基本重合，并且温度都急剧下降，然后，不同深度蚀坑的表面温度下降曲线开始分离。深度最小的蚀坑对应剩余壁厚最厚的部位，其表面温度下降最快；深度最大的蚀坑对应剩余壁厚最薄的部位，其表面温度下降最慢。随着时间的延续，试件表面温度场趋于一致。

（1）基于 PCT 方法的贮箱剩余壁厚识别

从图 5.11（b）中可以看出，不同剩余壁厚处最大表面温差出现的时刻不同，采用 PCT 方法进行剩余壁厚的定量识别，结果见表 5.4。

表 5.4　蚀坑处剩余壁厚的 PCT 法定量识别结果

方法	损伤深度/剩余壁厚							
	1mm		2mm		3mm		4mm	
	测量值	误差	测量值	误差	测量值	误差	测量值	误差
PCT	0.9025	9.75%	17676	11.62%	2.5293	15.69%	3.2756	18.11%

由表 5.4 可以看出，剩余壁厚越大，PCT 方法的识别误差越大。因此，PCT

方法适合于非常严重的腐蚀检测，这种情况下的腐蚀剩余壁厚较小，热流在贮箱壁内的传播受三维热扩散的影响较小。而对于轻微腐蚀或者早期的腐蚀，贮箱的剩余壁厚较大，PCT 方法的测量误差较大，不能满足测量要求。

为了消除加热不均和表面发射率不均匀对蚀坑识别的影响，采用第 4.1.2 小节提出的方法进行表面发射率和热激励源辐射能量非均匀性校正，然后分别利用本书提出的几种蚀坑深度计算方法识别蚀坑损伤深度。

（2）基于 PSTC 方法的剩余壁厚识别

对提取的腐蚀区域表面温度和未腐蚀区域表面温度按照式（4.48）进行计算，获得瞬时温度对比度随时间的变化关系，如图 5.12 所示。

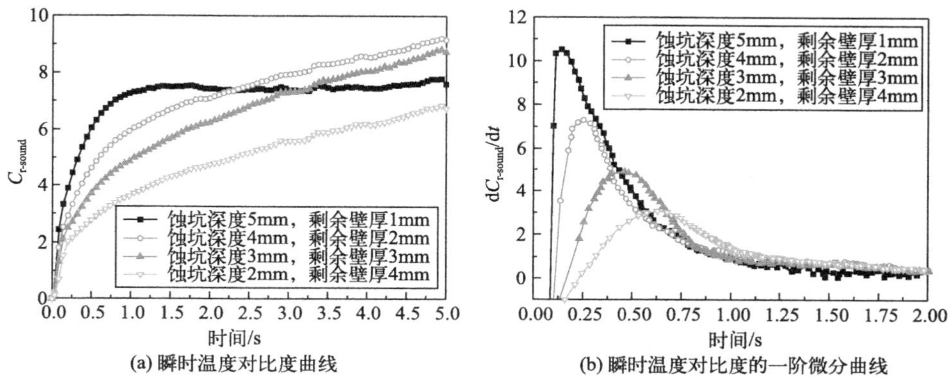

图 5.12　蚀坑中心的瞬时温度对比度及其一阶微分曲线

对比图 5.11（a）和图 5.12（a）可以看出，原始表面温度曲线中没有典型时刻可用于提取，不能获取与剩余壁厚相关的信息，而经过提取瞬时温度对比度，所得到的曲线存在一个斜率峰值，其对应的时刻与剩余壁厚存在特定关系。对瞬时温度对比度进行一阶微分后，可得到瞬时温度对比度变化率曲线，如图 5.12（b）所示。

不同剩余壁厚处的瞬时温度对比度的峰值时刻不同，以剩余壁厚较厚处的瞬时温度对比度峰值时刻为基准，根据第 4.5.2 小节提出的损伤深度计算方法，分别计算其余 3 个蚀坑对应的剩余壁厚，并计算相应的测量误差，结果如表 5.5 所示。

表 5.5　蚀坑处剩余壁厚的 PSTC 法定量识别结果

方法	剩余壁厚/损伤深度							
	1mm		2mm		3mm		4mm	
	测量值	误差	测量值	误差	测量值	误差	测量值	误差
PSTC	0.9547	4.53%	1.8131	9.34%	2.8464	5.12%	3.5774	10.565%

由表 5.5 可以看出，相对 PCT 方法，PSTC 方法的测量误差较小，可以用于贮箱腐蚀剩余壁厚的计算，且贮箱的腐蚀越严重，剩余壁厚越小，热波检测对壁厚的识别准确度越高。

（3）基于 PSTNTC 方法的贮箱剩余壁厚识别

提取腐蚀区域表面温度和正常区域表面温度，按照式（4.52）进行计算，得到归一化表面温差随时间的变化关系，如图 5.13（a）所示。对归一化的瞬时温差进行一阶微分，得到了归一化表面温差变化率曲线，如图 5.13（b）所示。

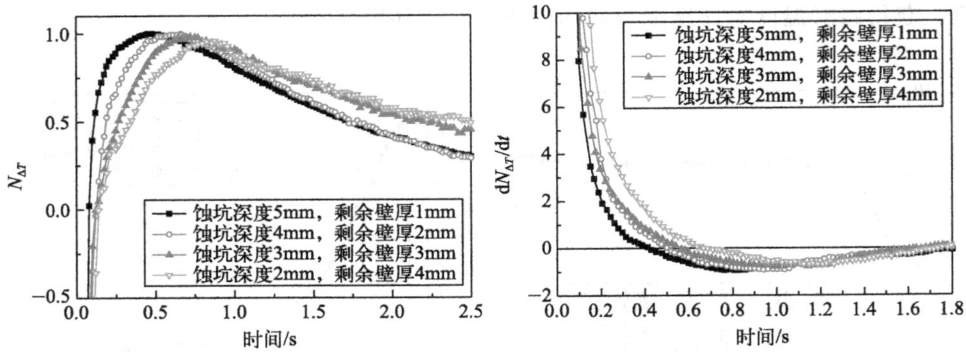

(a) 归一化表面温差曲线　　(b) 归一化表面温差变化率曲线

图 5.13　蚀坑中心的归一化表面温差及其变化率曲线

由第 4.5.4 小节理论分析可知，降温过程中的归一化表面温差变换率曲线应该出现一个正峰值和一个负峰值，但本次试验结果中仅出现了一个负峰值，这是因为钢材料的热扩散率较大，正峰值时间小于热像仪的采集时间间隔，该数据不能被捕捉。

归一化表面温差曲线的峰值均等于 1，峰值对应的时间与 PCT 方法的特征时间一样，每一个峰值对应一个特征时间，根据式（4.53）可计算出各个蚀坑处的剩余壁厚，结果如表 5.6 所示。

表 5.6　蚀坑处剩余壁厚的 PSTNTC 法定量识别结果

方法	损伤深度/剩余壁厚							
	1mm		2mm		3mm		4mm	
	测量值	误差	测量值	误差	测量值	误差	测量值	误差
PSTNTC	0.9462	5.38%	1.8945	5.30%	2.9192	2.69%	4.1939	4.85%

由表 5.6 可以看出，轻微腐蚀的剩余壁厚较厚，PSTNTC 方法的计算误差较小，对 4mm 厚度的识别误差为 4.85%，而对 1mm 厚度的识别误差为 5.38%，这种结果与 PCT 方法和 PSTC 方法的误差变化规律不同，这是因为 PSTNTC 方

法的特征时刻相对较晚，有利于剩余壁厚较厚处温度信息的提取。由此可知，对于轻微的腐蚀以及贮箱的早期腐蚀检测，适宜采用 PSTNTC 方法来计算贮箱的剩余壁厚。

5.3 含多形态蚀坑 LD10 材料腐蚀损伤试件的热波检测及分析

5.3.1 试件设计与制作

试件采用贮箱用 LD10 材料制作，尺寸为 299mm×193mm×4.75mm，背面加工有 4 行模拟腐蚀坑，每行 7 个，共 28 个。试件及其结构尺寸如图 5.14 所示。

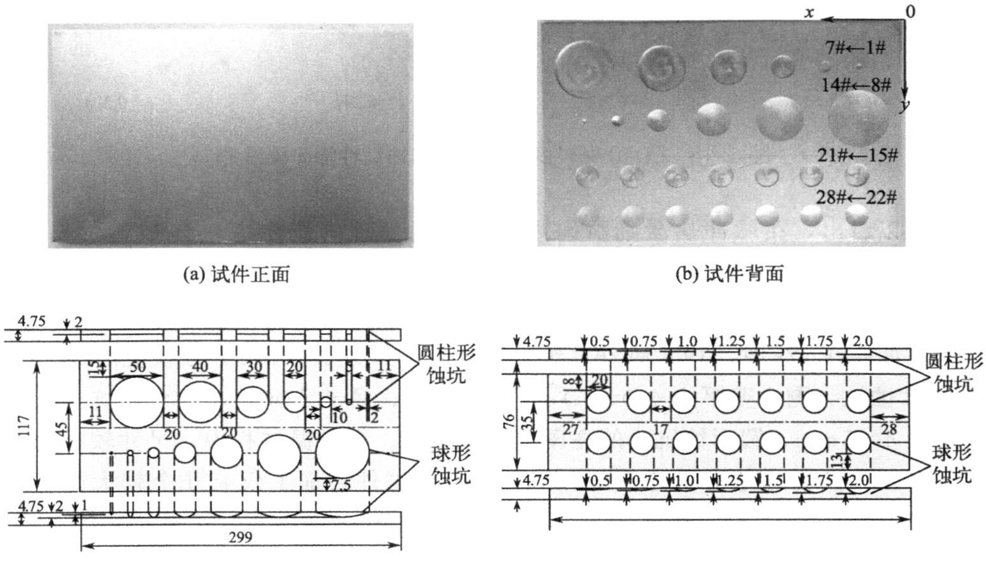

(a) 试件正面　(b) 试件背面

(d) 上半部分结构尺寸（单位：mm）　(d) 下半部分结构尺寸（单位：mm）

图 5.14 LD10 材料多形态蚀坑腐蚀试件

为了分析方便，按照从右到左、从上到下的顺序，对蚀坑依次编号为 1＃～28＃，为了直观地显示试件的尺寸，分别给出试件上半部分和下半部分的结构图。

试件中第 1 行和第 2 行分别是同深度不同大小的圆形腐蚀坑和球冠形腐蚀坑，蚀坑底面开口直径从大到小依次为 50mm、40mm、30mm、20mm、10mm、5mm、2mm，受加工工艺及设备的限制，第 2 行第 1 个球冠形蚀坑的中心深度加工成 1mm，其他蚀坑的中心深度均为 2mm；第 3 行和第 4 行分别是同大小不同深度的圆形腐蚀坑和球冠形腐蚀坑，底面开口直径均为 20mm，蚀坑中心深度从左到右依次为 2mm、1.75mm、1.5mm、1.25mm、1mm、0.75mm、0.5mm。

5.3.2 脉冲热波检测试验结果及分析

LD10 腐蚀试件的脉冲热波检测结果如图 5.15 所示。

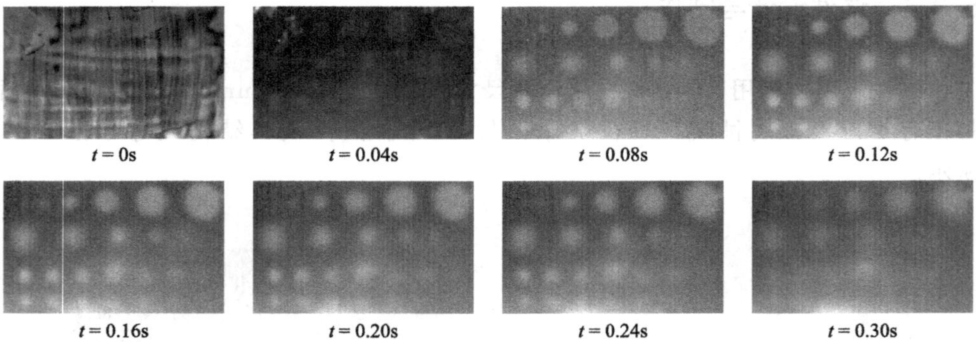

图 5.15 LD10 材料多形态蚀坑腐蚀试件的热图序列

可以看出，在脉冲热激励瞬间，试件表面处理的刷涂痕迹即被显示出来。0.08s 左右，大部分剩余壁厚较小的蚀坑以亮斑的形式显现出来，其中剩余壁厚最大的是 18＃蚀坑，为 3.5mm；随着时间的延续，剩余壁厚较大的蚀坑也逐渐显现，如在 0.12s 时，19＃和 26＃蚀坑（剩余壁厚为 3.75mm）以及更厚处 20＃和 27＃蚀坑（剩余壁厚为 4.0mm）的亮斑显现；到 0.16s 时，21＃蚀坑（剩余壁厚为 4.25mm，圆形蚀坑）的亮斑也模糊可见。在降温过程中，尺寸较小和剩余壁厚较大蚀坑的亮斑最先消失，0.3s 以后，试件表面上仅有几个较大蚀坑的亮斑模糊可见。

从图 5.15 的热图序列中还可以看出，具有相同深度和相同底面开口直径的球冠形蚀坑和圆形蚀坑，亮斑的显现时间一样。圆形蚀坑处的亮斑具有相对明显的边界，球冠形蚀坑的亮斑则是中心明亮，越靠近边缘，亮斑的对比度越弱，并且球冠形蚀坑亮斑的持续时间较短。受热扩散的影响，直径相差较大的球冠形蚀坑的亮斑尺寸却相差不大，因此，根据亮斑的特征可大致估计蚀坑的形态。

5.3.3 多形态腐蚀坑大小的定量识别

采用高斯滤波和同态增晰的方法对热图像进行增强处理，处理结果如图

5.16（b）和（c）所示，可以看出，原始热图中存在大量的噪声，经过同态增晰处理后，腐蚀损伤的亮斑被增强，但同时试件边缘处的反光等噪声也被增强。对图 5.16（b）图进一步高斯滤波处理后，图像上的噪声以及边缘的干扰都得到了一定程度的抑制，有利于损伤的分割和识别。采用 PSO-FCM 损伤分割方法对增强后的热图像进行分割，结果如图 5.16（d）所示。

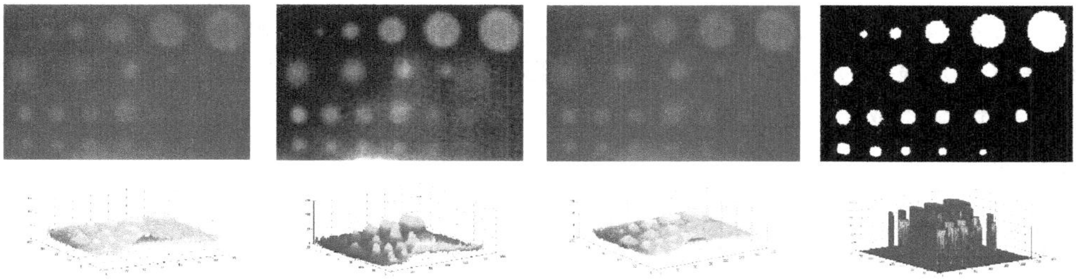

图 5.16　LD10 材料多形态蚀坑腐蚀试件热图像的处理

根据分割的结果，采用二值链码技术对蚀坑数目、大小和位置进行识别，结果见表 5.7～表 5.10。由于 1＃、2＃、13＃和 14＃蚀坑直径较小，21＃、27＃和 28＃蚀坑处剩余壁厚较大，表面看不到亮斑的出现，通过图像处理方法不能识别这几个蚀坑。

表 5.7　同深度不同大小 LD10 材料圆形蚀坑的大小定量识别结果

蚀坑		直径/mm	周长/mm	面积/mm²	蚀坑中心位置/mm
3#	真实值	10	31.4	78.5	(63，40)
	测量值	11.2334	35.7005	90.0168	(63.7764，41.0267)
	误　差	12.33%	13.69%	14.67%	—
4#	真实值	20	62.8	314	(98，40)
	测量值	22.2187	65.3598	343.2814	(97.0022，39.7417)
	误　差	11.09%	10.45%	9.32%	—
5#	真实值	30	94.2	706.5	(143，40)
	测量值	32.5705	101.2786	753.3991	(140.601，38.5687)
	误　差	8.57%	7.51%	6.64%	—
6#	真实值	40	125.6	1256	(198，40)
	测量值	42.3230	190.9905	1316.6192	(194.5075，37.2793)
	误　差	5.81%	5.21%	4.83%	—

续表

蚀坑		直径/mm	周长/mm	面积/mm²	蚀坑中心位置/mm
7#	真实值	50	157	1962.5	(263, 40)
	测量值	50.9502	158.8083	2003.9198	(259.1813, 37.8243)
	误差	1.90%	1.15%	2.11%	—

由表 5.7 可知，脉冲热波方法对蚀坑位置的识别准确度较高，蚀坑中心识别结果的最大偏差为 3.8187mm。对于圆形蚀坑，蚀坑大小的识别结果大于真实值，蚀坑直径越大，脉冲热波方法的测量误差越小，对直径 50mm 蚀坑的识别误差仅为 1.9%。

表 5.8 同深度不同大小 LD10 材料球冠形蚀坑的大小定量识别结果

蚀坑		直径/mm	周长/mm	面积/mm²	蚀坑中心位置/mm
8#	真实值	50	157	1962.5	(36, 85)
	测量值	31.3747	98.8087	872.2733	(37.6016, 86.9008)
	误　差	37.25%	37.06%	55.55%	—
9#	真实值	40	125.6	1256	(101, 85)
	测量值	27.2913	87.0357	837.5045	(99.9988, 84.9901)
	误　差	31.77%	30.70%	33.32%	—
10#	真实值	30	94.2	706.5	(156, 85)
	测量值	24.5425	79.2275	596.5177	(153.4658, 87.2121)
	误　差	18.19%	15.89%	15.56%	—
11#	真实值	20	62.8	314	(201, 85)
	测量值	18.3626	52.3749	263.4459	(197.0282, 82.95612)
	误　差	13.19%	16.6%	16.1%	—
12#	真实值	10	31.4	78.5	(236, 85)
	测量值	8.3122	25.9616	64.4418	(233.5326, 81.3449)
	误　差	16.88%	17.32%	17.91%	—

由表 5.8 可以看出，脉冲热波方法能够准确地检测出球冠形蚀坑的位置，蚀坑中心的最大偏移量为 3.9718mm。但与圆形蚀坑的识别结果不同，球冠形蚀坑大小的识别结果小于真实蚀坑的大小，这主要是因为在球冠形蚀坑处，贮箱壁厚的变化是平缓的，蚀坑边缘处反射的热量少，加之传播路径长，热流传播中的衰减严重，表面温度场的变化较小。

表 5.9 同大小不同深度 LD10 材料圆形蚀坑的大小定量识别结果

蚀坑		直径/mm	周长/mm	面积/mm^2	蚀坑中心位置/mm	
		20	62.8	314		
15#	测量值	20.6337	64.5022	326.9	真实值	(38，135)
	误　差	3.17%	2.71%	4.11%	测量值	(42.0153，133.8296)
16#	测量值	20.8125	65.8142	330.3567	真实值	(75，135)
	误　差	4.06%	4.80%	5.21%	测量值	(75.6741，133.9730)
17#	测量值	21.3653	67.7543	341.2205	真实值	(112，135)
	误　差	6.83%	7.89%	8.67%	测量值	(110.5117，133.8073)
18#	测量值	21.7692	68.6469	346.6523	真实值	(149，135)
	误　差	8.85%	9.31%	10.4%	测量值	(145.4821，133.8077)
19#	测量值	20.2315	63.5421	328.4510	真实值	(186，135)
	误　差	1.16%	1.18%	4.60%	测量值	(187.3318，132.4738)
20#	测量值	19.0767	61.0547	302.8249	真实值	(223，135)
	误　差	4.61%	2.78%	3.56%	测量值	(228.9591，131.9669)

表 5.10 同大小不同深度 LD10 材料球冠形蚀坑的大小定量识别结果

蚀坑		直径/mm	周长/mm	面积/mm^2	蚀坑中心位置/mm	
		20	62.8	314		
22#	测量值	19.0975	59.2295	292.0867	真实值	(38，170)
	误　差	4.51	5.69	6.97	测量值	(42.4017，168.5317)
23#	测量值	18.2777	56.1015	280.7291	真实值	(75，170)
	误　差	8.61	10.67	10.6	测量值	(76.74021，171.4658)
24#	测量值	17.5445	54.0663	261.5813	真实值	(112，170)
	误　差	12.28	13.91	16.69	测量值	(107.8299，170.5607)
25#	测量值	16.8733	52.2825	242.7334	真实值	(149，170)
	误　差	15.63	16.75	22.69	测量值	(146.5370，171.2701)
26#	测量值	15.8733	38.2825	192.7335	真实值	(186，170)
	误　差	20.63	23.12	38.63	测量值	(188.8734，171.8074)

由表 5.9 可以看出，脉冲热波方法能够准确地定位腐蚀，对蚀坑中心的识别偏差最大为 5.9591mm。与钢材料蚀坑大小识别一样，铝合金中蚀坑大小的识别结果大于蚀坑的真实大小，并且蚀坑越深（剩余壁厚越小），蚀坑大小的识别准确度越高。但观察表中数据发现，随着剩余壁厚的增加，蚀坑大小的识别误差还

出现了减小的现象，这是由热流在材料中传播时迅速向周围扩散造成的。由于图像处理时选取了热图序列中的某一帧进行分析，如果热流的横向传播使得这一帧图像中蚀坑边缘处的温差小于热像仪的温度灵敏度，则热图像中观测到的亮斑较小，在厚度较大处，热扩散使得蚀坑边缘处的温度与正常区域处的温度差减小，因而某些蚀坑检测结果的误差减小，比如受热扩散的作用，20＃蚀坑的直径识别结果小于其真实大小。在实际检测中，单独提取每一个蚀坑进行分析，将会取得较好的定量识别结果。

由表 5.10 可以看出，热波方法能够实现对球冠形腐蚀的定位，蚀坑中心的识别偏差最大为 4.4017mm。但热波方法对球冠形蚀坑大小的识别误差较大，并且剩余壁厚越大，识别误差越大。

表 5.8 中的识别结果还表明：球冠形蚀坑大小的识别误差较大，但随着蚀坑直径的减小，识别误差经历了由大到小，又由小变大的过程，这个过程反映了球冠形蚀坑径厚比对热流传播作用的影响。采用图 5.17 进行分析，贮箱表面的两个深度相同的球冠形蚀坑中，左侧蚀坑的直径较大，取两蚀坑底面上距试件表面等厚度的 E、F 两点，对应表面上 B、D 两个位置，以 A、C 表示蚀坑中心对应的表面位置，分别用 a_1 和 a_2 表示 B、D 两个位置与 A、C 两位置的距离，显然 $a_1>a_2$。

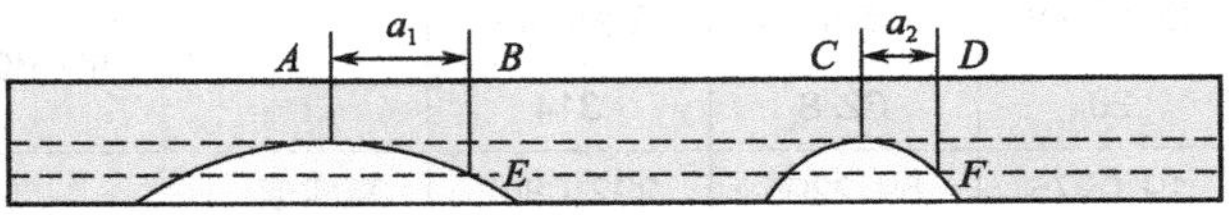

图 5.17　球冠形蚀坑大小识别示意图

脉冲热激励后，A 和 C 首先受到蚀坑底部热流反射的影响而温度升高，与周围形成了温度梯度，开始向周围传热，由于 $a_1>a_2$，则 D 点受到 C 点热流作用的影响大于 B 点受到 A 点热流作用的影响，而 B、D 受到 E、F 的影响是一样的，因此热传导的结果是：D 点的温度值高于 B 点的温度值，并且 D 点的温度值与 A、B 中间某点的温度值相等。因而，尽管左侧蚀坑直径较大，但两个蚀坑形成的表面亮斑可能相差不大，甚至在一定条件下，两个不同大小球冠形蚀坑的表面亮斑大小相等。

另外，对于直径非常小的蚀坑来说，蚀坑中心反射的热流虽然与同深度大蚀坑的相等，但小蚀坑中心的热流受到蚀坑底面其他位置反射热流的耦合作用小，因而堆积的热能在材料中迅速扩散，若表面形成的温差小于热像仪的灵敏度，或温差脉宽小于热像仪的采集时间间隔，小蚀坑不能被检测到。

因此，可以得到结论：采用单幅热图像来定量识别蚀坑大小时，两个同深度不同大小的球冠形蚀坑在表面形成的亮斑的大小与蚀坑处的径厚比（蚀坑直径与蚀坑中心处剩余壁厚的比）有关。径厚比越大，表面亮斑的大小比蚀坑的真实大小越小，测量误差越大；随着径厚比的减小，测量误差减小；径厚比满足一定条件件时，表面亮斑的大小与蚀坑的大小相等；对于径厚比非常小的蚀坑，热图像上没有亮斑出现，无法检测出腐蚀。计算不同大小球冠形蚀坑的径厚比，与测量误差数据进行拟合后发现，当径厚比约为 5.6 时（蚀坑底面直径 20mm），测量值的误差最小。

由蚀坑大小识别结果分析可知，脉冲热波方法能够准确定位贮箱内部的圆形蚀坑和球冠形蚀坑，对蚀坑中心位置的识别偏差在 5mm 以内，可用于工程实际中腐蚀损伤的定位。对于圆形蚀坑，热图像上的亮斑边缘明显，热波方法的蚀坑大小定量识别准确度较高，并且蚀坑越大，剩余壁厚越小，蚀坑大小的定量识别准确度越高。对于球冠形蚀坑，由于受三维热扩散影响较大，表面亮斑的大小与蚀坑径厚比关系密切，随着球冠形蚀坑径厚比的减小，蚀坑的大小识别准确度提高，但径厚比过小的蚀坑，在表面上没有亮斑产生，不能被检测到。

因此，实际检测时，对蚀坑大小的识别应注意以下几点。①首先判断腐蚀存在及蚀坑类型。通过亮斑来判断蚀坑的存在，圆形蚀坑的亮斑具有明显的边界，而球冠形蚀坑的亮斑则是中心亮，周围逐渐变暗。②同深度球冠形蚀坑的大小判别。由上述分析可知，不同大小的球冠形蚀坑可能形成一样大小的表面亮斑，但同深度时，直径较大的蚀坑的表面亮斑持续时间长。③不同深度球冠形蚀坑的大小判别。蚀坑大小相等时，剩余壁厚大的蚀坑的表面亮斑持续时间短；蚀坑大小不等但表面亮斑大小一样时，应单独提取每一个蚀坑进行分析。

5.3.4 腐蚀剩余壁厚的定量识别

（1）同深度不同大小蚀坑处的 PCT 法剩余壁厚识别

仿真分析结果和上述热波检测结果均表明，蚀坑的大小对最大表面温差及最佳检测时间均有影响，因此，采用最佳检测时间法来计算剩余壁厚时，受蚀坑大小的影响较大。为了分析蚀坑大小对 PCT 法剩余壁厚定量识别能力的影响，提取同深度不同大小蚀坑中心对应的表面温度数据，以正常区域的表面温度数据为参考，计算出蚀坑区域的表面温差，得到如图 5.18 所示的温度和温差曲线。

从图 5.18（a）中可以看出，降温开始阶段，圆形蚀坑和球冠形蚀坑对应的表面温度都急剧下降，圆形蚀坑处表面温度的下降趋势相对于球冠形蚀坑中心处表面温度的下降趋势缓慢，其中最大蚀坑中心对应的表面温度下降得最慢。受表面发射率不均和加热不均的影响，最小蚀坑的表面温度小于所选取的正常区域的表面温度，从热图像中看不到亮斑，一般在试验中出现这种情况时，无法判断损伤的存在。从图 5.18（b）中可以看出，球冠形蚀坑中心与圆形蚀坑中心的最大表面温差相差不大，但球冠形蚀坑中心的温差脉宽较小，采用性能较好的红外热像仪能得到理想的检测效果。

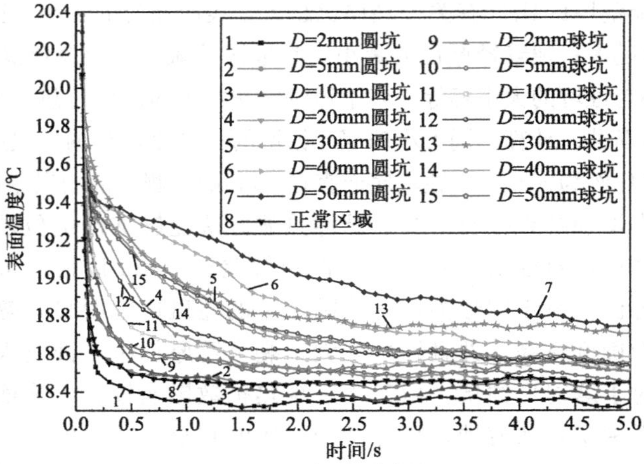

(a) 表面温度曲线

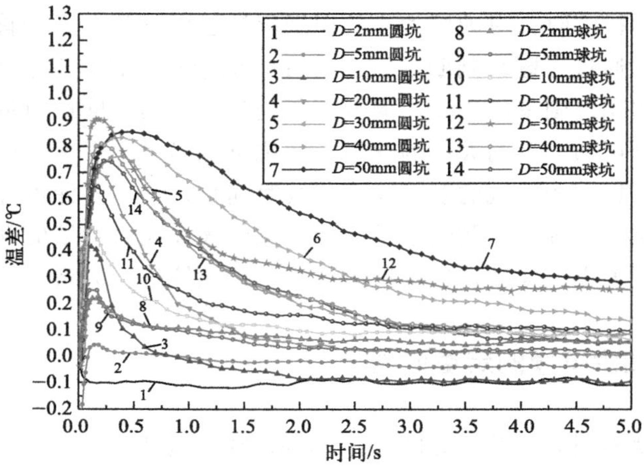

(b) 表面温差曲线

图 5.18 同深度不同大小蚀坑中心的表面温度和温差曲线

采用 PCT 法计算不同大小蚀坑处的剩余壁厚，以直径为 50mm 的圆形蚀坑数据为参考，计算其他蚀坑的剩余壁厚，结果见表 5.11。

表 5.11 蚀坑处剩余壁厚的 PCT 法定量识别结果

PCT 方法		蚀坑底面直径						
		50mm	40mm	30mm	20mm	10mm	5mm	2mm
圆形蚀坑	测量值/mm	2.75	2.6261	2.5710	2.3432	2.1291	2.0612	—
	误　差	—	4.51%	6.51%	14.8%	22.58%	28.69%	—
球冠形蚀坑	测量值/mm	2.3631	2.3301	2.1808	2.1804	1.9076	1.8507	—
	误　差	14.06%	15.27%	20.69%	20.71%	30.63%	32.70%	—

由表 5.11 可以看出，以直径 50mm 圆形蚀坑处的最佳检测时间为基准，计算其他蚀坑处剩余壁厚，计算值随着蚀坑直径的减小而减小，剩余壁厚的测量误差越来越大，因此，在实际检测中，应采用较大蚀坑的表面温度数据来计算剩余壁厚，这样可使测量误差较小。对比图 5.18（b）发现，同深度的圆形蚀坑与球冠形蚀坑处的最大表面温差相差不大，但由于球冠形蚀坑处的热传导受三维热扩散的影响大，其最佳检测时间比圆形蚀坑早，因而剩余壁厚的测量误差大，并且随着蚀坑大小的减小，误差增大。直径 2mm 蚀坑处的表面温度与正常区域的表面温度基本一致，无法通过最佳检测时间来计算剩余壁厚。

（2）同大小不同深度蚀坑处的 PSTR 方法剩余壁厚定量识别

分别提取相同大小不同深度蚀坑的表面温度数据，并选择无腐蚀区域的表面温度作为参考，按照第 4.5.3 小节温度比变化率峰值时间法（PSTR），计算蚀坑中心表面温度与正常区域表面温度之比，其结果如图 5.19（a）所示。然后将温度比对时间进行微分，求出温度比的变化率，得到如图 5.19（b）所示的曲线。

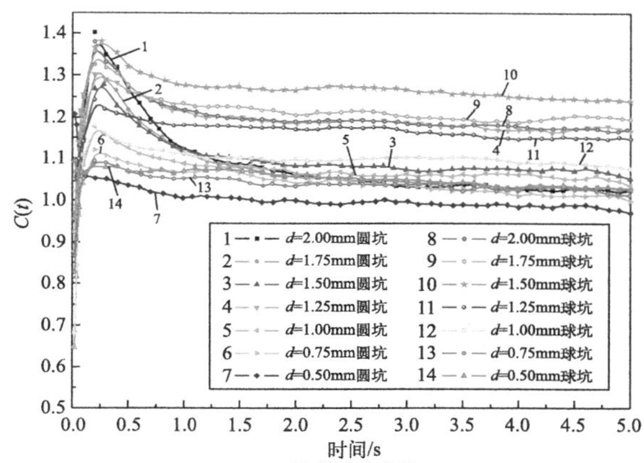

(a) 温度比曲线

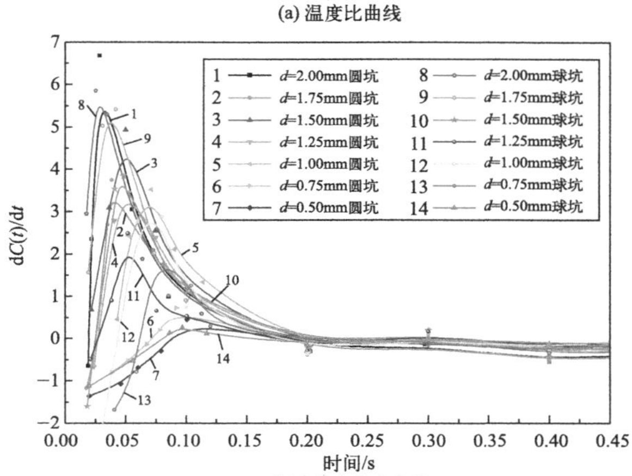

(b) 温度比变化率曲线

图 5.19 同大小不同深度蚀坑中心的表面温度和温度比变化率曲线

根据 PSTR 方法的特征时间 $t_{pstr}=h^2/(2\alpha)$，计算得到不同蚀坑处的剩余壁厚，结果见表 5.12。

表 5.12 蚀坑处剩余壁厚的 PSTR 法定量识别结果

PSTR 方法		蚀坑处剩余壁厚/mm						
		2.75	3	3.25	3.5	3.75	4	4.25
圆形蚀坑	测量值/mm	2.75	3.1041	3.3990	3.7232	4.0581	4.5001	4.8542
	误　差	—	3.35%	4.61%	6.42%	8.21%	11.24%	14.21%
球冠形蚀坑	测量值/mm	2.6552	2.9431	3.2822	3.5943	3.9202	4.2901	4.7347
	误　差	3.45%	1.89%	0.99%	2.68%	4.52%	7.26%	11.39%

由表 5.12 可以看出，以壁厚最薄处的温度比数据为参考，PSTR 方法可以用于贮箱剩余壁厚的计算，剩余壁厚越小，测量误差越小。

对比发现，PSTR 方法计算的剩余壁厚大于真实值，而表 5.11 中测量的剩余壁厚小于真实值，这是因为计算时选取的参考区域不同，表 5.11 中以最大蚀坑处的计算数据为参考，较小蚀坑的最佳检测时间早于最大蚀坑的最佳检测时间，使得测量值较小。而表 5.12 中以壁厚最薄处的数据为参考，由于 PSTR 特征时间相对较晚，计算的剩余壁厚较大。从表 5.12 中还发现，球冠形蚀坑剩余壁厚测量的准确度较高，这是因为脉冲热激励后，蚀坑中心的热流反射比四周强烈，球冠形蚀坑的温度迅速上升后又迅速下降，其温度比变化率远远大于同大小的圆形蚀坑的温度比变化率，因而对应的 t_{pstr} 相对较早，以圆形蚀坑的剩余壁厚为基准，计算其余剩余壁厚的值较小。随着壁厚的增加，热传导中受三维热扩散的影响越大，球冠形蚀坑剩余壁厚的计算误差增大。

5.4 加注不同类型介质的贮箱腐蚀损伤试件热波检测及分析

5.4.1 试件制作

贮箱内加注的介质也会影响热波检测的结果，因此，对钢材料平底洞模拟腐蚀试件进行加工。分别在平底洞中填充水（用石蜡封装）和石蜡，制作了加注不同类型介质的贮箱模拟腐蚀试件，填充后的试件如图 5.20 所示。

5.4.2 脉冲热波检测试验结果及分析

采用脉冲热波方法进行检测，图 5.21 和图 5.22 分别是加注水和加注石蜡的腐蚀试件热波检测序列热图。

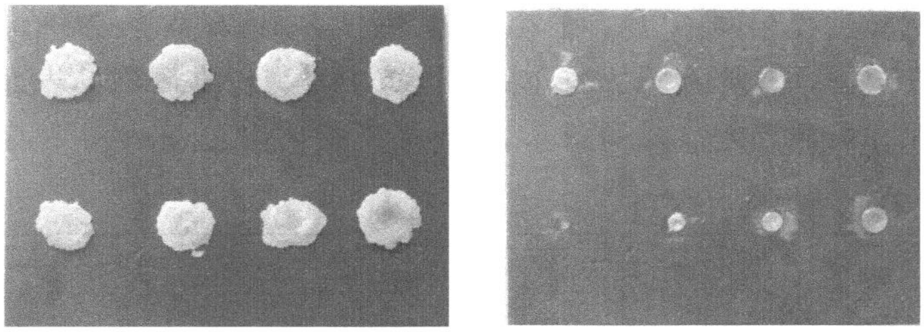

(a) 填充水　　(b) 填充石蜡

图 5.20　模拟加注不同介质的贮箱腐蚀试件

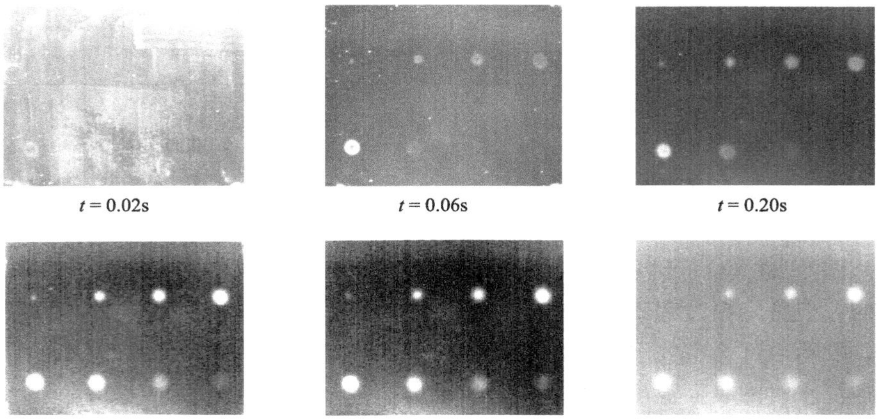

$t=0.02s$　$t=0.06s$　$t=0.20s$

$t=0.40s$　$t=0.60s$　$t=1.0s$

图 5.21　加注水的腐蚀试件脉冲热波检测序列热图

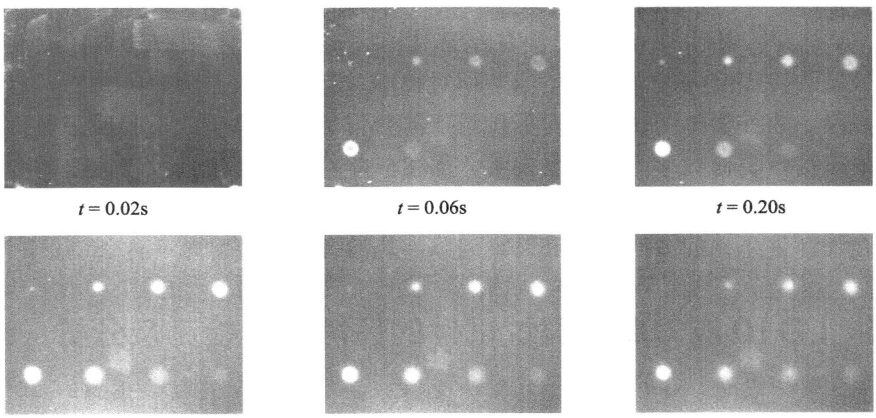

$t=0.02s$　$t=0.06s$　$t=0.20s$

$t=0.40s$　$t=0.60s$　$t=1.0s$

图 5.22　加注石蜡的腐蚀试件脉冲热波检测序列热图

由热图序列可以看出，8 个蚀坑逐渐显现，不同蚀坑对应的亮斑的明暗变化过程与前述试验过程相同。以直径 20mm、深度 5mm 的蚀坑为例，提取蚀坑中心的表面温度数据，计算不同加注介质时蚀坑中心与正常区域的表面温差，得到表面温度曲线和表面温差曲线如图 5.23 所示。

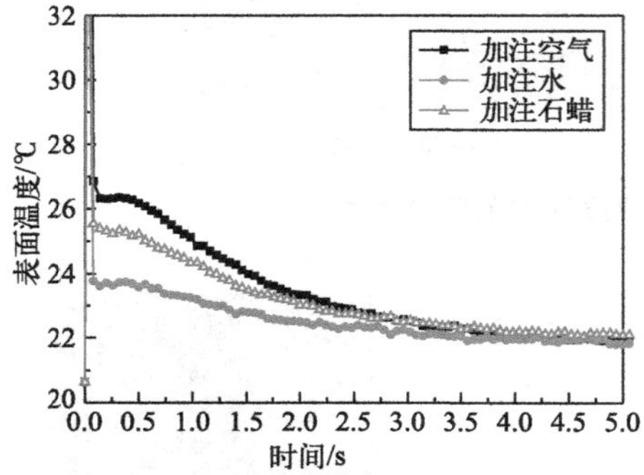

(a) 表面温度

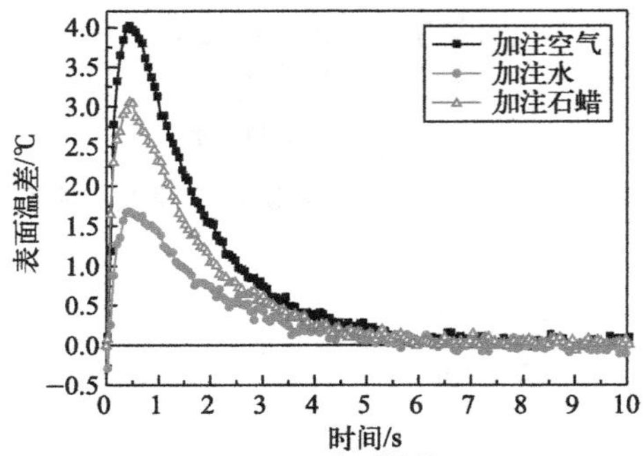

(b) 表面温差

图 5.23 加注不同介质贮箱腐蚀试件的脉冲热波检测表面温度及温差曲线

从图 5.23（a）可以看出，加注不同介质的贮箱，在加热时间内表面温度是一样的，但是降温过程不同，表明加注介质的热学性质影响了贮箱表面的温度场变化，贮箱内部为空气（即空箱）时，检测的表面温度最高，其次是内部加注石蜡，加注水时的表面温度最低，试验结果与仿真结果一致。

从图 5.23（b）中看出，介质对表面温差的影响较大，贮箱为空箱时的最大表面温差最大，达到了 4.02℃，温差脉宽也最大，$\tau_{\Delta T>0.1}$ 约为 5.86s；加注石蜡时，$\Delta T_{max}=3.04$℃，$\tau_{\Delta T>0.1}$ 约为 5.18s；加注水时的检测效果较差，$\Delta T_{max}=1.68$℃，$\tau_{\Delta T>0.1}$ 约为 4.48s，而且在降温过程后期，出现了蚀坑处表面温度低于正常区域表面温度的现象，但负温差相对较小，最大负温差为−0.13℃，容易被噪声淹没。表面温差的试验数据分析结果与数值仿真结果一致，验证了数值仿真结果的可信性。而数值仿真结果表明，加注液体推进剂时的最大表面温差和温差脉宽参数与加注空气时较为接近，远远好于加注水时的检测参数。因此，得到结论：在加注推进剂的条件下，可以采用脉冲热波方法检测贮箱的内部腐蚀。

5.5 LD10 应力腐蚀裂纹试件的超声热波检测及分析

5.5.1 试件制作

试验用裂纹试件为图 5.24 所示的铝合金改进 WOL 型应力腐蚀试件。其尺寸为 127mm×26mm×26mm，进行应力腐蚀试验[192] 后形成裂纹。

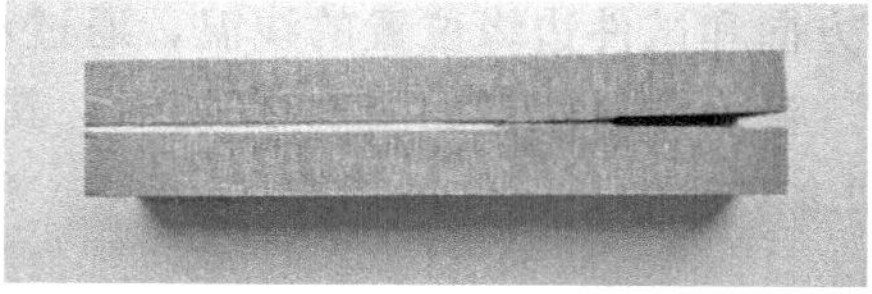

图 5.24 改进 WOL 型 LD10 铝合金应力腐蚀裂纹试件

为了研究超声波激励位置对检测结果的影响，在试件上选定 3 个位置实施超声枪的加载激励，如图 5.25 所示。其中激励位置一是将超声波加载在裂纹尖端延伸方向并沿裂纹接触面的切线方向上；激励位置二是将超声波加载在裂纹尖端延伸方向并垂直于裂纹接触面上；激励位置三是将超声波加载在试件开口延伸方向并垂直于裂纹接触面上。

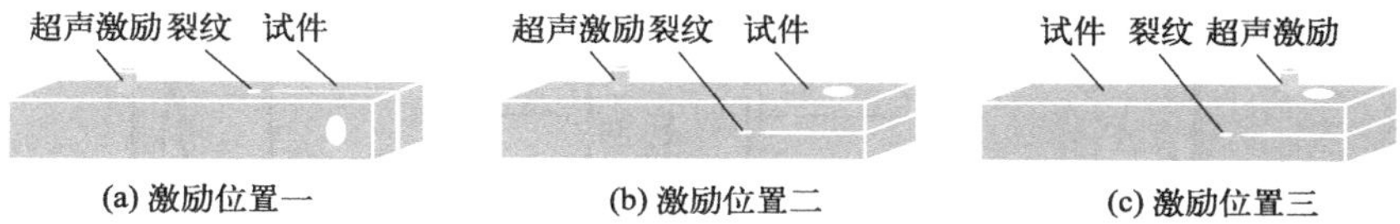

图 5.25 超声波加载激励位置示意图

5.5.2 超声热波检测试验结果及分析

以超声枪在激励位置一的检测结果为例来描述检测试验现象，超声热波检测结果如图 5.26 所示。

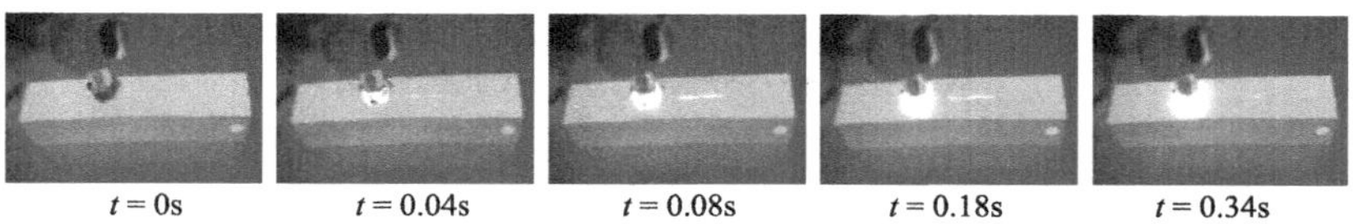

图 5.26 超声热波检测热图像序列（激励位置一）

从图 5.26 中可以看出，在 0.04s 左右试件表面出现了热斑，在 0.18s 左右热斑达到最亮，当超声波激励停止后，热斑逐渐变暗，到 0.34s 时热斑已很模糊，裂纹处的发热从开始到结束全过程的时间很短，仅有 0.4s 左右。

5.5.3 应力腐蚀裂纹的定量识别

（1）基于线温提取的裂纹损伤定量识别

为了实现应力腐蚀裂纹的识别，分别提取超声波激励后 0.1s 时刻的红外热图像上沿裂纹及其延伸方向和试件边缘位置的线温，通过对比这两个位置的线温来定量识别裂纹的长度。温度提取位置如图 5.27 所示，其中 L1 对应的是沿裂纹及延伸方向的提取线，L2 对应的是试件边缘线。

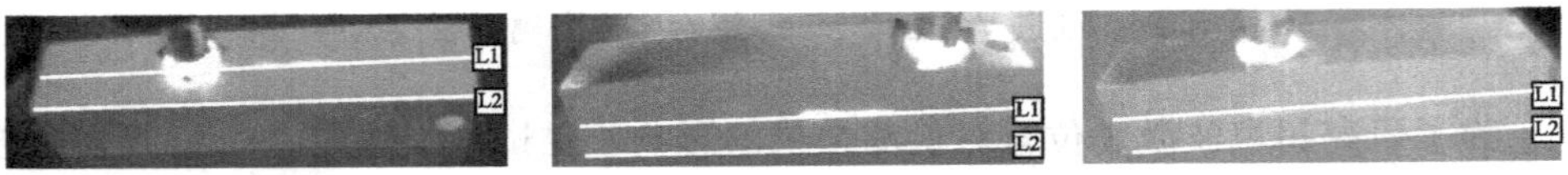

(a) 激励位置一　　(b) 激励位置二　　(c) 激励位置三

图 5.27　表面线温提取位置

超声波在不同位置激励时的线温提取结果如图 5.28 所示。

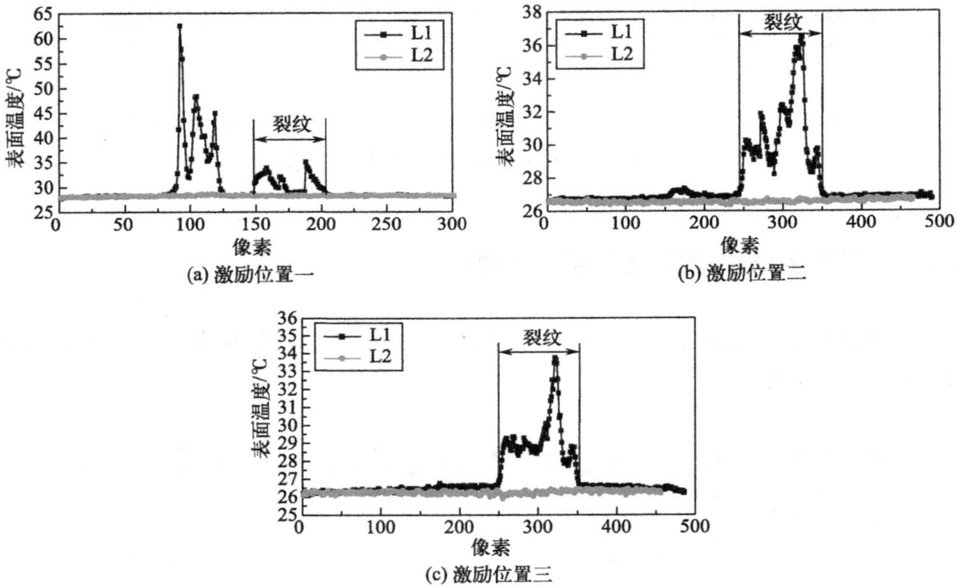

图 5.28　表面线温图

对照图 5.27（a），可以看出图 5.28（a）中左侧温度波峰区域是超声枪激励位置的表面温度，右侧波峰区域是裂纹处的表面温度。在图 5.28（b）中，裂纹温度峰左侧的小突起是由表面反射造成的，在试验中该位置始终出现微弱的亮斑。

从图 5.28 中看出，超声波激励后，裂纹处的温度升值较高，而且在裂纹起点和终点位置，温度值呈现突然变化，因此能够比较准确地判断裂纹的长度。

以热图中的 L2 线温为参考计算裂纹的长度，提取图像中裂纹起点和裂纹尖端的像素位置，分别记为 C_{open} 和 C_{end}，相减后得到裂纹长度的像素值 C_{length}。然后提取 L1 和 L2 的像素长度 C_{L1} 和 C_{L2}，用 P_{end} 表示裂纹尖端距离试件端头的距离，用 L1 和 L2 的实际长度 l_{L1} 和 l_{L2} 进行像素标定，然后计算裂纹的长度 l_{crack} 和裂纹尖端的位置。采用光学方法测量裂纹的长度为 25.48mm，超声波激励在三个位置时的裂纹识别结果及误差见表 5.13。

表 5.13 基于线温标距的裂纹长度识别结果

激励位置	图像测量值/像素					计算值/mm		误差
	C_{open}	C_{end}	C_{L1}	C_{L2}	C_{length}	l_{crack}	P_{end}	
位置一	203.6789	148.3695	298	298	55.3094	23.5715	63.2313	8.09%
位置二	350.5435	244.3562	490	466	106.1873	27.5220	63.3331	7.42%
位置三	352.6358	250.2521	486	456	102.3837	26.7546	65.3951	4.76%

由表 5.13 可以看出，采用线温标距方法能够实现对裂纹长度的识别。由超声热波检测机理分析可知，裂纹面的接触紧密程度不同将导致局部生热量的不同，因此，裂纹表面的温度变化情况能够反映该部位的裂纹面接触程度。

从图 5.28 中还可以看出，超声波加载位置对裂纹表面温度升值有较大影响，并且加载位置不同，所反映出的裂纹信息的丰富程度不同。对应三个激励位置，裂纹处的最高温度升值分别达到了 6.67℃、9.79℃和 7.41℃，表明超声激励加载在垂直于裂纹接触面上时，裂纹界面在超声波作用下的摩擦作用更剧烈，能够产生较多热能。

（2）基于图像处理的裂纹损伤定量识别

线温提取方法仅适合于直裂纹的定量分析，在识别裂纹时受人为主观判断的影响较大，不便于自动化识别，采用图像处理来识别裂纹长度是一种较好的方法。按照第 4.4 节提出的应力腐蚀裂纹定量识别方法对裂纹长度进行定量识别。

以超声波加载在激励位置二时采集到的热图像为例，进行图像的处理分析。超声激励后 0.18s 图像中亮斑的对比度最大，如图 5.29（a）所示，选用该图进行处理，图像上部的亮斑为超声枪探头，为了避免探头对图像处理结果的影响，提取试件中的一部分作为感兴趣区域（图中虚线框内部分），热图像的处理过程及结果如图 5.29（b）～（d）所示。计算裂纹的长度及相对误差，结果如表 5.14 所示。

(a) 原始热图(0.18s)　(b) 二值化处理　(c) 腐蚀处理　(d) 主干提取

图 5.29 超声热图像处理

表 5.14 基于图像处理分析的裂纹长度识别结果

项目	光学方法	识别值	误差
裂纹长度/mm	25.48	26.1742	2.72%

由表 4.2 对激励位置一时的裂纹长度识别结果及表 5.14 可发现，以光学测量结果为参考，采用超声热波检测图像处理方法对裂纹长度的识别结果准确，误差在 5%以内，满足检测需求。

5.6 贮箱腐蚀损伤的热波检测策略

通过上述对贮箱的局部减薄（圆形蚀坑、球冠形蚀坑）和应力腐蚀裂纹的热波检测试验研究，验证了第 3 章数值仿真结果的正确性，结合仿真结果分析，在实际的贮箱腐蚀损伤检测中，提出如下的检测策略：

① 在允许的条件下，对被检测对象进行适当的预处理，如采用喷涂可溶于水的高发射率的材料以提高检测对象对热源的吸收能力，减弱材料表面发射率不均匀和反射带来的非均匀性问题。

② 先用脉冲热波方法进行快速大面积检测，在发现有局部减薄或腐蚀坑的位置，采用超声热波方法进行复检，以检查是否有应力腐蚀裂纹的产生。

③ 当被检测对象较厚时，为达到最佳的检测效果，需要把脉冲热激励源的能量设置为最强档，并提高超声波发生器的激励频率和振幅；当蚀坑的深径比较小时，采用红外热波方法检测比较困难，需要考虑采用其他方法，如超声或射线方法等；当被检测部位较薄时，可适当降低热激励源的能量。

④ 检测过程中需要采取有效措施尽量减少环境因素的干扰，如果在外场作业，要采用遮罩对被检测对象进行遮挡以减少环境因素的干扰。如果被检测对象面积比较大，可根据红外热波方法每次可检测的面积（大约 $0.1m^2$）对被检测对象进行分区域检测，最后把各部分的检测结果进行拼接。

⑤ 检测获取的红外热图像要采用图像滤波、增强和分割等方法进行处理，以达到最佳的检测效果。如果检测结果不理想，可重复几次，效果仍不理想，就需要考虑采用其他方法来检测。

⑥ 为了准确获取损伤大小、深度等信息，事先可根据贮箱结构和材料特点，制作相应的标准试件，通过与标准试件检测结果的比对来达到对损伤的准确识别。

⑦ 红外热波方法能够快速检测到贮箱内壁的腐蚀损伤，对蚀坑的定位准确度高，但红外热波方法对球冠形蚀坑的大小识别误差较大。因此，实际检测中，对检测出的疑似腐蚀部位，可采用超声波方法进行复查，发挥超声波测厚准确度较高的优势，实现对腐蚀的准确识别。这样，就可以充分利用红外热波和超声波两种检测方法的优势，在提高检测效率的同时，还能提高对腐蚀损伤的定量识别精度。

6

基于热波检测的贮箱腐蚀剩余寿命预测

在掌握了贮箱的腐蚀及其扩展规律，获得了贮箱腐蚀损伤状况的检测手段和方法的基础上，本章针对贮箱的腐蚀剩余寿命预测问题，构建腐蚀规律与腐蚀检测之间的桥梁，提出基于热波检测结果的贮箱剩余寿命预测方法，以当前的腐蚀检测结果预测未来的腐蚀状态，设计相应的贮箱剩余寿命预测系统。

6.1 基于热波检测的贮箱腐蚀剩余寿命预测策略

6.1.1 贮箱剩余寿命预测方法

结构的寿命是指结构使用到某种技术指标如结构强度、刚度、稳定性等达到不合格状态时的期限。液体推进剂贮箱的服役寿命是由贮箱的性能下降决定的，随着贮箱服役年限的增加，贮箱的腐蚀越来越严重。因此，要实现液体导弹加注推进剂后贮箱的剩余寿命预测，必须首先对导弹贮存的实际情况如贮存环境、贮存现状和贮存历史进行调研、收集资料，然后利用检测的腐蚀数据，建立相应的数学模型确定腐蚀速率，在贮箱满足剩余强度安全性要求的条件下计算剩余寿命。

腐蚀预测是获取剩余寿命的重要条件，建立腐蚀预测模型时，应分两种情况考虑：①导弹贮存中的环境状况变化不大时，影响贮箱腐蚀及其发展的因素相对较少，可以采用分析建模法进行腐蚀预测，即根据腐蚀机理，结合腐蚀的时间和特征参数，以第 2 章试验建立的 LD10 材料腐蚀规律为依据，采用数据处理当量化的方法来建立预测模型；②导弹贮存中的环境状况随机变化，并服从统计学规律时，由于贮箱的腐蚀不仅受到环境温度和腐蚀介质浓度的影响，还受到其他因素交互作用的影响，无法采用试验获取的腐蚀规律模型进行当量化计算，这种情况下可以采用数学建模法进行腐蚀预测，即不考虑腐蚀机理而直接根据检测数据，应用纯数学的方法建立腐蚀数据随时间变化的数学模型。

在腐蚀预测的基础上，计算腐蚀发展到结构寿命期限指标条件的时间，即结构寿命终止时间，其与现在时间的间隔便是贮箱结构的剩余寿命。根据上述分析，提出基于热波检测的贮箱剩余寿命预测研究基本思路，如图 6.1 所示。

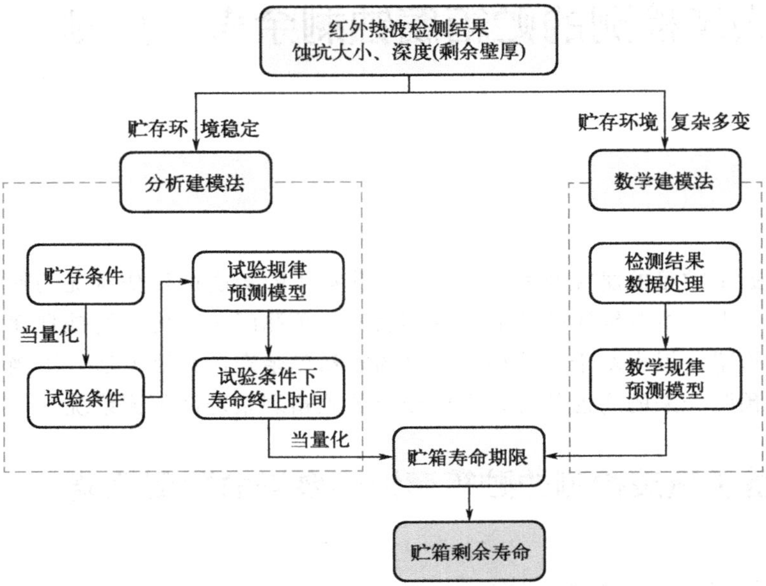

图 6.1　基于热波检测的贮箱剩余寿命预测方法

贮箱的剩余寿命预测，其本质是揭示未来贮箱的壁厚减薄或腐蚀发展趋势，预测未来贮箱在保证其安全状态前提下的剩余服役能力，预测结果的精度和可信度取决于充分可靠的基础数据。基础数据越多，数据越充分可靠，预测结果的精度和可信度就越高；相反，基础数据越少，预测精度和可信度就越低。

腐蚀预测是在已有数据的基础上，经一定方法处理进行的外延预测，因此，就预测方法本身来说，预测未来的期限越短，预测的精度和可信度就越高，反之亦然。

6.1.2　评定贮箱寿命的条件

腐蚀寿命预测需要建立腐蚀相关的寿命评定依据。贮箱不仅是盛放推进剂的容器，而且是弹体完整外形的重要组成部分，它参与总体受力，不仅受推力、气动力、重力等外力作用，同时贮箱内还有一定的增压压力。由前文研究发现推进剂对贮箱的腐蚀是一种均匀腐蚀，腐蚀的结果是贮箱壁厚均匀减薄，贮箱腐蚀导致腐蚀区域承力能力降低，因此，可采用剩余壁厚作为评判贮箱寿命的条件，认为当贮箱壁厚减薄至无法满足使用要求或应力超过了设计许可应力时，贮箱达到了服役期限，即当长期贮存过程中贮箱腐蚀的剩余壁厚δ_r（腐蚀量$\delta_{corr}=\delta-\delta_r$）达到满足强度要求所允许的最小允许剩余壁厚$\delta_c$（最大允许腐蚀量$\delta_{corr-max}=\delta-\delta_c$）时，贮箱达到使用寿命，其与现在时间的间隔便是贮箱的剩余寿命。

6.2 腐蚀的热波检测结果与腐蚀规律之间的当量化处理

6.2.1 腐蚀损伤检测结果的当量化处理方法

第2章研究了20℃下LD10材料在不同体积分数HNO_3中的腐蚀规律和不同温度下LD10材料在体积分数为30%的HNO_3溶液中的腐蚀规律，根据腐蚀体系的腐蚀电流密度建立了加速腐蚀当量关系。但实际应用中，推进剂吸水后并不一定形成体积分数为30%的HNO_3，环境温度也不一定是在20℃，无法直接建立无损检测数据与本书腐蚀试验数据的对应关系，必须进行相应的当量化处理，才能利用试验数据建立的预测模型来预测腐蚀的发展。根据前面的腐蚀试验结果和热波检测结果，提出下面的腐蚀当量化处理方法。

如图6.2所示，推进剂吸湿对贮箱壁产生腐蚀，蚀坑的形态为球冠形凹坑，尽管放大倍数观察时，蚀坑底部是凹凸不平的点蚀坑的连接，但从宏观上来看，蚀坑底部是平滑的，并且蚀坑深度方向的扩展速度与横向的扩展速度是一样的。蚀坑的最大直径为D，最大深度为d，贮箱剩余壁厚为δ_r。若将蚀坑近似看作圆形蚀坑，热波检测定量识别圆形底面直径为D_t，蚀坑深度为$\delta_{corr}=\delta-\delta_r=d$，由此可计算等效圆形蚀坑的体积，乘以材料的密度后得到腐蚀失重。

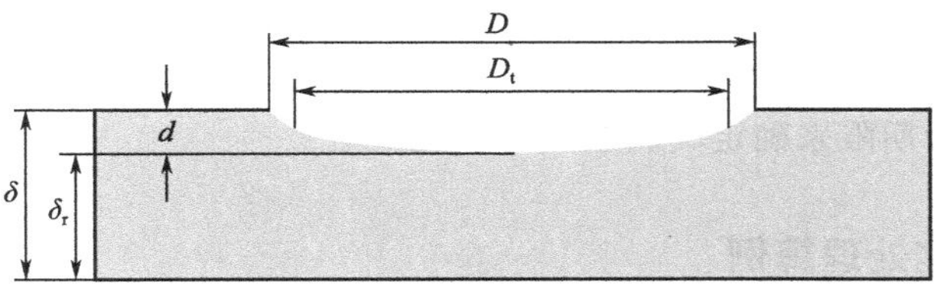

图6.2 贮箱壁腐蚀坑的等效处理

根据等效的蚀坑数据，在腐蚀检测数据与腐蚀规律之间进行当量处理。其基本流程如图6.3所示。

由 t_1 时刻和 t_2 时刻热波检测的蚀坑大小和深度数据，计算 t_1 和 t_2 时间段内的腐蚀失重 $\Delta m_{1,2}$，根据式（2.23）失重和腐蚀电流密度的关系，计算该时间段内的腐蚀电流 $I_{\text{corr贮，贮}T}$。由温度加速腐蚀当量关系，计算贮存环境温度条件下的腐蚀电流密度在20℃下的当量腐蚀电流密度 $I_{\text{corr贮，20℃}}$，然后由浓度当量关系，计算在20℃体积分数30%硝酸中的腐蚀电流密度 $I_{\text{corr，30\%}V\text{，20℃}}$，根据两个腐蚀电流密度计算腐蚀当量系数。这个当量系数反映了贮存环境与试验环境中的腐蚀对应关系。

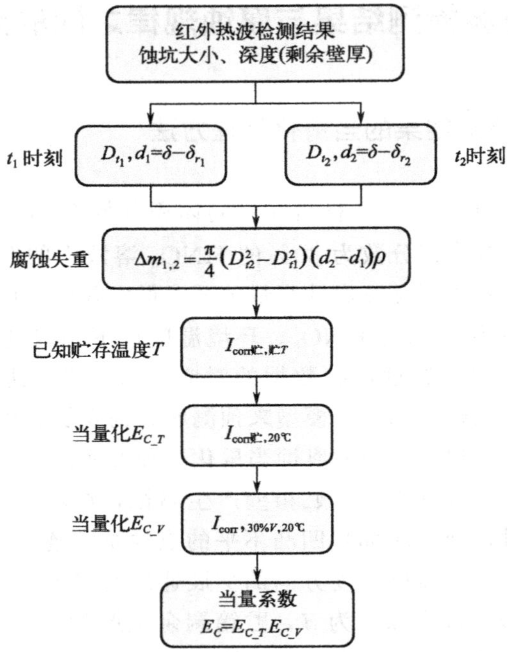

图 6.3　贮箱壁腐蚀演化的当量处理

获得真实贮存环境与试验条件之间的当量关系之后，以最大允许腐蚀量 $\delta_{\text{corr-max}}$ 为指标，计算试验条件下达到 $\delta_{\text{corr-max}}$ 的时间，换算出贮存中的当量时间，作为贮箱的寿命期限来确定其剩余寿命。

6.2.2　当量化处理算例

假设某导弹服役时贮箱壁厚为5mm，服役3年时热波检测发现贮箱内壁被腐蚀，定量识别的蚀坑大小为20mm，蚀坑深度为1mm，已知该贮库常年温度在15℃附近，按照上述当量关系计算贮存环境中的当量腐蚀速率。

根据腐蚀失重与腐蚀电流密度之间的对应关系，计算贮箱的腐蚀速率：

$$i_{\mathrm{corr},贮} = \frac{\Delta m_{1,2} nF}{MSt} = \frac{\frac{\pi}{4} D_{t_2}^2 d_2 \rho n F}{\frac{\pi}{4} D_{t_2}^2 M t_2} = \frac{n\rho d F}{Mt}$$

式中，$i_{\mathrm{corr},贮}$为该贮存条件下的腐蚀电流密度；$\Delta m_{1,2}$ 为 t_1 至 t_2 时刻产生的腐蚀失重；ρ 为金属材料的密度；n 为氧化过程中金属失去的价电子数；F 为法拉第常数，取 $F=96500\mathrm{C/mol}$；S 为腐蚀坑的大小（表面积）。该例中 $t_2=3$ 年，$\Delta m_{1,2}=\frac{\pi}{4}D_{t_2}^2 d_2 \rho$，$d_2=d=1\mathrm{mm}$。

代入数据，可算出贮存条件下的腐蚀电流密度：

$$i_{\mathrm{corr},贮,15℃} = \frac{n\rho dF}{Mt} = \frac{3\times 2650\mathrm{kg/m^3}\times 1\mathrm{mm}\times 96500\mathrm{C/mol}}{9\mathrm{g/mol}\times 3\times 365\times 24\times 3600\mathrm{s}} = 0.9010\times 10^{-4}\mathrm{A/cm^2}$$

由式（2.15）算出 15℃时的腐蚀电流密度为：

$$i_{\mathrm{corr},30\%V,\ 15℃} = 5.0536\times 10^{-4}\mathrm{A/cm^2}$$

将 15℃温度条件当量换算为 20℃，其温度当量系数为：

$$E_{C\_T} = \frac{i_{\mathrm{corr},30\%V,\ 15℃}}{i_{\mathrm{corr},\ 30\%V,\ 20℃}} = \frac{5.0536\times 10^{-4}\mathrm{A/cm^2}}{20.0990\times 10^{-4}\mathrm{A/cm^2}} = 0.2514$$

由此，得到 20℃时的当量腐蚀电流密度：

$$i_{\mathrm{corr},贮,\ 20℃} = \frac{i_{\mathrm{corr},贮,\ 15℃}}{E_{C\_T}} = \frac{0.9010\times 10^{-4}\mathrm{A/cm^2}}{0.2514} = 3.5839\times 10^{-4}\mathrm{A/cm^2}$$

然后计算 20℃时在体积分数 30%硝酸中的腐蚀当量系数：

$$E_{C\_V} = \frac{i_{\mathrm{corr},\ 贮,\ 20℃}}{i_{\mathrm{corr},\ 30\%V,\ 20℃}} = \frac{3.5839\times 10^{-4}\mathrm{A/cm^2}}{20.0990\times 10^{-4}\mathrm{A/cm^2}} = 0.1783$$

最后，得到贮存条件与试验条件的腐蚀当量系数为：

$$E_C = E_{C\_T}E_{C\_V} = 0.2514\times 0.1783 = 0.0448$$

结果表明实际贮存中腐蚀 1d，相当于试验条件下腐蚀 0.0448d，即试验条件腐蚀 1d，相当于实际贮存中腐蚀 22.3092d。得到腐蚀当量关系后，就可以根据腐蚀的发展规律来预测未来时间里的贮箱腐蚀状况，在一定的贮箱使用寿命评估准则下，预测贮箱的剩余使用寿命。

6.3 基于线性动态系统与隐马尔可夫链模型的贮箱腐蚀剩余寿命预测

表征贮箱腐蚀的特征参数是蚀坑的大小和深度，而热波检测结果也是以大小和损伤深度/剩余壁厚来描述腐蚀情况的，如何根据蚀坑大小和深度的检测结果，发现这两个特征量之间的潜在相关性，是腐蚀预测的重要问题。

随着数据处理理论和方法的发展，在线性回归、幂指数回归等数据分析方法的基础上，根据数据信息数量、数据特征、预测目标等的不同，一些新的预测方法如时间序列预测[222]、灰色理论预测[223,224]、神经网络预测[225-227]、支持向量机预测[228] 等在腐蚀预测中得到了应用，并取得了较好的效果。但是，热波检测过程中，蚀坑大小和深度的定量识别常常受到一些因素如贮箱表面加热不均、表面发射率不均以及热图像上的高噪声、低对比度等的影响，导致蚀坑参数的识别结果具有一定程度的误差，虽然检测过程中采取了相应措施提高了腐蚀定量识别的准确度，但任何无损检测手段都可能受到主、客观因素的影响，检测误差不可避免。

由于干扰因素的作用具有一定的随机性，检测结果的识别精度与这些因素的影响程度之间存在一定的规律性，具有概率分布的特征，因此，本书引入随机数学概念，采用抑制数据噪声能力突出、能够处理具有随机概率特性的数据，并用有较强数据潜在关联性分析能力的线性动态系统方法，建立基于线性动态系统与隐马尔可夫链模型的贮箱腐蚀剩余寿命预测模型。

6.3.1 腐蚀过程的隐马尔可夫模型解释

隐马尔可夫模型（hidden Markov model，HMM）是一种概率统计模型，用于描述含有隐含未知参数的马尔可夫过程[222]。HMM 的目标是根据可观察的参数来确定该过程中的隐含参数，然后利用这些参数来做进一步的分析。在正常的马尔可夫模型中，状态是直接可见的，状态的转换概率便是全部的参数。而在隐马尔可夫模型中，状态并不是直接可见的，但受状态影响的某些变量则是可见的，每一个状态在可能输出的符号上都有概率分布，输出符号的序列能够透露出状态序列的一些信息。

将腐蚀失重（x_1）、腐蚀失重率（x_2）、腐蚀失厚率（x_3）等指标用向量 $\boldsymbol{X}=[x_1, x_2, x_3, \cdots]$ 来表示，由于贮箱腐蚀的测量结果本身是对复杂物理数据的汇总，具有一定的随机性，故可以认为存在一个潜在变量 $\boldsymbol{Z}$，该变量无法直接测量，但是可以测量出它的一个映射 $\boldsymbol{X}$。$\boldsymbol{Z}$ 的变化代表着贮箱腐蚀形态的变化，这个过程具有一定的趋势性与稳定性，可用隐马尔可夫模型来表示，如图 6.4 所示。

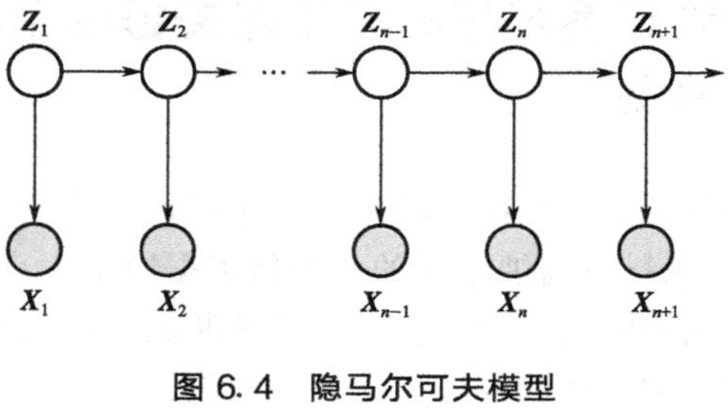

图 6.4 隐马尔可夫模型

在隐马尔可夫模型中，潜在变量的变化过程（$\boldsymbol{Z}_n \to \boldsymbol{Z}_{n+1}$）和潜在变化到测量结果的检测过程（$\boldsymbol{Z}_n \to \boldsymbol{X}_n$）均是随机过程，这两个过程的随机性分别与检测过程中的一些随机性干扰因素及测量误差相对应。

6.3.2 隐马尔可夫模型的线性动态系统求解

隐马尔可夫模型从概率图模型角度对贮箱的腐蚀过程给出了一个形式化的解释，但对于模型的求解，需要利用线性动态系统（linear dynamical systems，LDS）来进行求解和计算[229,230]。

在 LDS 中，均采用一组线性方程来描述系统的变化，隐马尔可夫链模型的线性描述方程为：

$$\begin{cases} \boldsymbol{Z}_n = \boldsymbol{A}\boldsymbol{Z}_{n-1} + w_n \\ \boldsymbol{X}_n = \boldsymbol{B}\boldsymbol{Z}_{n-1} + v_n \\ \boldsymbol{Z}_1 = \mu_0 + u \end{cases} \tag{6.1}$$

式中，$\boldsymbol{A}$ 为转移矩阵，控制隐变量 $\boldsymbol{Z}$ 随时间的变化情况；w 为一个随机变量，代表了潜在变量变化过程中的随机因素；$\boldsymbol{B}$ 为转移矩阵，控制了 $\boldsymbol{Z}$ 到测量值 $\boldsymbol{X}$ 之间的映射关系；v 为一个随机变量，代表了测量过程中的随机误差[231]；$\boldsymbol{Z}_1$ 为贮存过程的初始潜在状态，该潜在状态无法直接测量，但影响着检测指标（如纯度、相当水含量、机械杂质等）的变化；μ_0 为一个确定的初始基准值，代表贮存时的基准状态；u 为一个服从高斯分布的随机变量，代表贮存初始阶段的随机扰动因素。

在缺少历史数据积累的情况下，一般认为随机变量 w 和 v 服从高斯分布，故有：

$$\begin{cases} w = N(w \mid 0, \Gamma) \\ v = N(v \mid 0, \sum) \\ u = N(u \mid 0, V_0) \end{cases} \tag{6.2}$$

式中，Γ、$\sum$、V_0 分别为相应高斯分布的协方差。

因此，整个线性动态系统可以描述为 $\theta = \left\{\boldsymbol{A},\ \boldsymbol{B},\ \Gamma,\ \sum,\ \mu_0,\ V_0\right\}$。

6.3.3 贮箱腐蚀剩余寿命的预测方法

基于上述分析，可将贮箱腐蚀剩余寿命预测分解成三个子问题来进行研究。一是腐蚀数据的学习，利用检测的数据序列 $[\boldsymbol{X}_1, \boldsymbol{X}_2, \cdots, \boldsymbol{X}_n]$ 来完成线性动态系统 θ 参数及当前潜在状态 $\boldsymbol{Z}_n$ 的学习，即 $[\boldsymbol{X}_1, \boldsymbol{X}_2, \cdots, \boldsymbol{X}_n] \to \{\theta, \boldsymbol{Z}_n\}$。二是腐蚀数据的预测，利用学习到的参数 θ 和 $\boldsymbol{Z}_n$，预测未来某个时间贮箱的腐

蚀状况，即 $\{\theta, \boldsymbol{Z}_n\} \rightarrow [\hat{\boldsymbol{X}}_{n+1}, \hat{\boldsymbol{X}}_{n+2}, \cdots]$。三是贮箱寿命的确定，以设定的剩余寿命判据为指标，判断贮箱的剩余寿命。

(1) 贮箱腐蚀过程参数的学习

采用最大似然的思路[232]来完成参数学习过程，似然函数 θ 的形式化表示为：

$$\hat{\theta} = \arg\max \lg p(\boldsymbol{X} \mid \theta) \tag{6.3}$$

贮箱腐蚀参数的学习过程即找到可以最大化 $\boldsymbol{X} = [\boldsymbol{X}_1, \boldsymbol{X}_2, \cdots, \boldsymbol{X}_n]$ 似然函数的 θ 的过程。其中，$p(\boldsymbol{X} \mid \theta)$ 是 $\boldsymbol{X}$ 与 $\boldsymbol{Z}$ 联合分布的边际分布：

$$p(\boldsymbol{X} \mid \theta) = \int_Z p(\boldsymbol{X}, \boldsymbol{Z} \mid \theta)\, \mathrm{d}\boldsymbol{Z} \tag{6.4}$$

$$p(\boldsymbol{X}, \boldsymbol{Z} \mid \theta) = p(\boldsymbol{Z}_1 \mid \mu_0) [\Pi_{i=2}^{n} p(\boldsymbol{Z}_i \mid \boldsymbol{Z}_{i-1}, \boldsymbol{A})] \Pi_{j=1}^{n} p(\boldsymbol{X}_j \mid \boldsymbol{Z}_j, \boldsymbol{B}) \tag{6.5}$$

由于式 (6.4) 积分困难，难以给出 θ 的解析解，采用参数学习中常用的最大期望演算法 (expectation-maximization algorithm，EM) 来对模型参数进行求解。EM 算法的基本思路是先给定参数 θ，再计算潜在变量 $\boldsymbol{Z}$ 的期望 (E 过程)，然后根据潜在变量 $\boldsymbol{Z}$ 的期望，按最大后验概率 (maximum posterior probability，MAP) 计算新的参数值 θ_{new} (M 过程)，迭代计算直至系统达到稳定点。EM 算法求解 θ 的主要流程如下[232]：

① 在 E 过程中，按照 θ^{old} 求解以下期望值：

$$E[\boldsymbol{Z}_n] = \hat{\mu}_n \tag{6.6}$$

$$E[\boldsymbol{Z}_n \boldsymbol{Z}_{n-1}^{\mathrm{T}}] \equiv M_{n,n-1} \tag{6.7}$$

$$E[\boldsymbol{Z}_n \boldsymbol{Z}_n^{\mathrm{T}}] \equiv M_{n,n} \tag{6.8}$$

② 在 M 过程中，更新 θ 以使得 $L(\theta, \theta^{\text{old}}) = E_{\boldsymbol{Z} \mid \theta^{\text{old}}} [\ln p(\boldsymbol{X}, \boldsymbol{Z} \mid \theta)]$ 最大化：

$$\mu_0^{\text{new}} = E[\boldsymbol{Z}_1] \tag{6.9}$$

$$V_0^{\text{new}} = M_{1,1} - E[\boldsymbol{Z}_1] E[\boldsymbol{Z}_1^{\mathrm{T}}] \tag{6.10}$$

$$\boldsymbol{A}^{\text{new}} = \left(\sum_{n=2}^{N} M_{n,n-1} \right) \left(\sum_{n=2}^{N} M_{n-1,n-1} \right)^{-1} \tag{6.11}$$

$$\Gamma^{\text{new}} = \frac{1}{N-1} \sum_{n=2}^{N} (M_{n,n} - \boldsymbol{A}^{\text{new}} M_{n-1,n}) \tag{6.12}$$

$$\boldsymbol{B}^{\text{new}} = \left(\sum_{n=2}^{N} \boldsymbol{X}_n E[\boldsymbol{Z}_n^{\mathrm{T}}] \right) \left(\sum_{n=2}^{N} M_{n,n} \right)^{-1} \tag{6.13}$$

$$\sum\nolimits^{\text{new}} = \frac{1}{N} \sum_{n=1}^{N} (\boldsymbol{X}_n \boldsymbol{X}_n^{\mathrm{T}} - \boldsymbol{B}^{\text{new}} E[\boldsymbol{Z}_n^{\mathrm{T}}] \boldsymbol{X}_n) \tag{6.14}$$

因此，线性动态系统参数学习算法描述隐马尔可夫链模型的求解过程为：输入历史检测数据 $\boldsymbol{X}$ 和初始参数集合 θ^{old}，输出线性动态系统模型参数 θ 和潜在状态 $\boldsymbol{Z}_n$ 的估计值 $\hat{\boldsymbol{Z}}_n$。其计算流程为：

步骤 1：参数初始化。L 为全数据似然度，$+\infty \rightarrow L_{\text{pre}}$，$0 \rightarrow L_{\text{new}}$。

步骤 2：迭代计算。若 $L_{\text{new}} - L_{\text{pre}} > \varepsilon$ (ε 为任意小的正数)，认为计算数据与

真实数据的误差最小，数据具有最大似然性，则迭代计算结束，以 L_{new} 输出；否则将 L_{new} 替代 L_{pre} 进行计算，获取新的 L_{new} 进行迭代计算，直至满足迭代终止条件。

步骤 3：E 计算过程。$E[\theta^{old}, \boldsymbol{X}] \rightarrow \{E[\boldsymbol{Z}_n], E[\boldsymbol{Z}_n\boldsymbol{Z}_{n-1}^{T}], E[\boldsymbol{Z}_n\boldsymbol{Z}_n^{T}]\}$。

步骤 4：计算 θ^{new}，M 计算过程。$M\{[E[\boldsymbol{Z}_n], E[\boldsymbol{Z}_n\boldsymbol{Z}_{n-1}^{T}], E[\boldsymbol{Z}_n\boldsymbol{Z}_n^{T}]], \theta^{old}, \boldsymbol{X}\} \rightarrow \theta^{new}$。

步骤 5：基于 θ^{new} 和 $\boldsymbol{X}$ 来求出 $L(\theta^{new}, \theta^{old}) \rightarrow L_{new}$。

步骤 6：计算终止，返回 θ^{new} 和 $\hat{\boldsymbol{Z}}_n$。

(2) 贮箱腐蚀过程参数的预测

计算得到 θ^{new} 和 $\hat{\boldsymbol{Z}}_n$ 后，可依照以下公式预测贮箱的腐蚀变化情况：

$$\hat{\boldsymbol{X}}_m = \boldsymbol{B}\boldsymbol{A}^{m-n}\hat{\boldsymbol{Z}}_n \tag{6.15}$$

(3) 贮箱使用寿命的确定

设贮箱使用寿命的终止的判定条件为 $\boldsymbol{X} < \text{life}_{\text{limit}}$，$\text{life}_{\text{limit}}$ 为满足贮箱安全要求的判据指标，则贮箱的使用寿命为：

$$\text{life} = \max\{m \mid \hat{\boldsymbol{X}}_m < \text{life}_{\text{limit}}\} \tag{6.16}$$

6.3.4 贮箱腐蚀剩余寿命的 LDS 预测算例

(1) 贮箱腐蚀试验数据的学习

假设液体导弹在贮存中推进剂吸湿形成的腐蚀介质体系达到了第 2 章试验时设定的条件，按照上述计算流程，分别对试验数据中的腐蚀失重、腐蚀失重率和厚度变化率数据进行拟合建模，利用试验数据对线性动态系统的参数 $\theta = \left\{\boldsymbol{A}, \boldsymbol{B}, \Gamma, \sum, \mu_0, V_0\right\}$ 进行学习，建立贮箱腐蚀预测模型。数据学习时发现，预测的平均误差会随着潜在变量维度的增加而减少，但是由于测量数据量的原因，当维度增加到一定程度时，过拟合现象会越来越严重，多次尝试发现，当潜在变量的维度为 9 时，数据的拟合精度最高，因此以下计算中设定潜在变量的维度为 9。通过计算，得到状态转移矩阵 $\boldsymbol{A}$ 为：

$$\boldsymbol{A} = \begin{bmatrix} 0.8818 & 0.8519 & -0.0354 & 0.0134 & 0.0131 & 0.0135 & 0.0132 & 0.0130 & 0.0132 \\ -0.0306 & 1.5085 & -0.0538 & 0.0337 & 0.0334 & 0.0337 & 0.0335 & 0.0334 & 0.0335 \\ -0.9684 & 18.3047 & -0.4069 & 0.2426 & 0.2367 & 0.2441 & 0.2381 & 0.2347 & 0.2391 \\ 0.0209 & -0.1522 & 0.0079 & 1.0029 & 0.0031 & 0.0028 & 0.0031 & 0.0033 & 0.0030 \\ 0.0208 & -0.1748 & 0.0096 & 0.0034 & 1.0029 & 0.0035 & 0.0029 & 0.0026 & 0.0032 \\ 0.0206 & -0.2575 & 0.0156 & 0.0052 & 0.0021 & 1.0062 & 0.0025 & 0.0003 & 0.0040 \\ 0.0208 & -0.1779 & 0.0098 & 0.0034 & 0.0028 & 0.0036 & 1.0029 & 0.0025 & 0.0032 \\ 0.0208 & -0.1937 & 0.0110 & 0.0038 & 0.0027 & 0.0041 & 0.0028 & 1.0020 & 0.0034 \\ 0.0213 & 0.0232 & -0.0049 & -0.0009 & 0.0048 & -0.0029 & 0.0040 & 0.0083 & 1.0013 \end{bmatrix}$$

控制潜在变量与检测结果的映射矩阵 $\boldsymbol{B}$ 为：

$$
\boldsymbol{B}=\begin{bmatrix} 0.5285 & 0.0154 & 0.0111 & 0.0395 & 0.0394 & 0.0396 & 0.0394 & 0.0393 & 0.0395 \\ -0.0590 & 0.3586 & 0.0313 & 0.0244 & 0.0242 & 0.0244 & 0.0243 & 0.0242 & 0.0243 \\ -0.4087 & 2.1072 & 0.5293 & 0.3483 & 0.3473 & 0.3485 & 0.3476 & 0.3471 & 0.3475 \end{bmatrix}
$$

(2) 贮箱腐蚀数据的 LDS 预测

利用式 (6.6) ～式 (6.14) 对检测指标进行拟合和预测，结果如图 6.5 所示，得到了腐蚀过程特征参数的预测值。

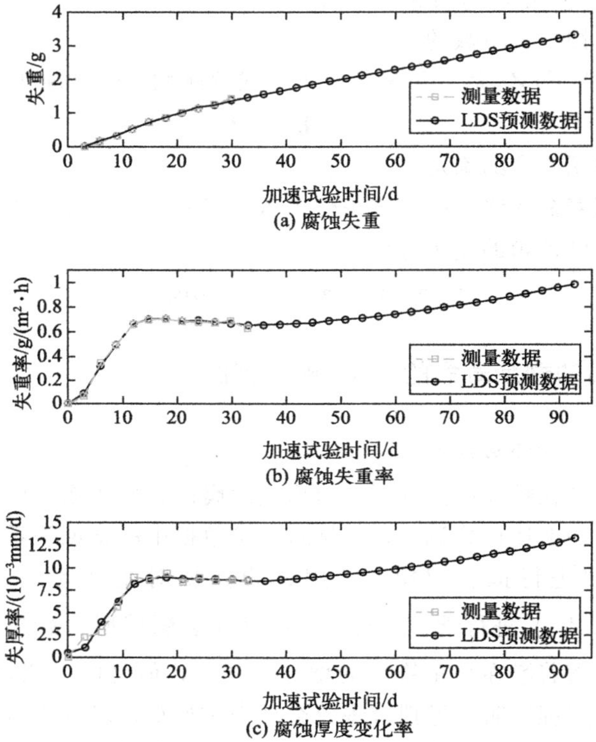

(a) 腐蚀失重

(b) 腐蚀失重率

(c) 腐蚀厚度变化率

图 6.5 腐蚀试验数据的 LDS 方法拟合及预测

由图 6.5 可以看出拟合曲线比试验测量数据的曲线更为光滑，表明线性动态系统的平滑滤波作用在一定程度上消除了测量的误差，较好地反映了腐蚀试验中特征参数的变化规律。

为了检验 LDS 方法的预测效果，以 0～24d 的腐蚀试验数据为系统学习数据，以后 3 组数据为检验数据，采用线性拟合方法对数据进行拟合和预测，预测值及其误差的计算结果见表 6.1。

表 6.1　不同预测方法的预测结果对比

特征参数	时间/d	试验值	线性拟合		LDS	
			预测值	误差/%	预测值	误差/%
失重/g	27	1.2519	1.3158	5.1042	1.1817	5.607
	30	1.4172	1.4885	5.031	1.2404	12.48
	33	1.4323	1.6647	16.226	1.2822	10.48
失重率/[g/(m^2·h)]	27	0.6745	0.5804	13.95	0.6258	7.22
	30	0.6872	0.4610	32.92	0.5852	14.84
	33	0.6314	0.3033	51.96	0.5486	13.11
失厚率/(10^{-3}mm/d)	27	8.5185	8.1270	4.596	8.4368	0.959
	30	8.6667	6.9936	19.30	8.0035	7.652
	33	8.5859	5.4404	36.64	7.6031	11.45

从表 6.1 可以看出，LDS 方法可以很好地消除测量误差，长期预测的误差相对较小，因此，采用 LDS 方法进行预测，其结果也更为准确。

(3) 贮箱剩余寿命预测

以第 6.2.2 小节的算例为例，若该部位贮箱强度要求最小剩余壁厚 $\delta_c=1.5$mm，即最大允许腐蚀量 $\delta_{corr\text{-}max}=3.5$mm，计算贮箱的剩余寿命。采用 LDS 方法对试验中的厚度变化（失厚）数据进行拟合和预测，得到如图 6.6 所示的曲线。

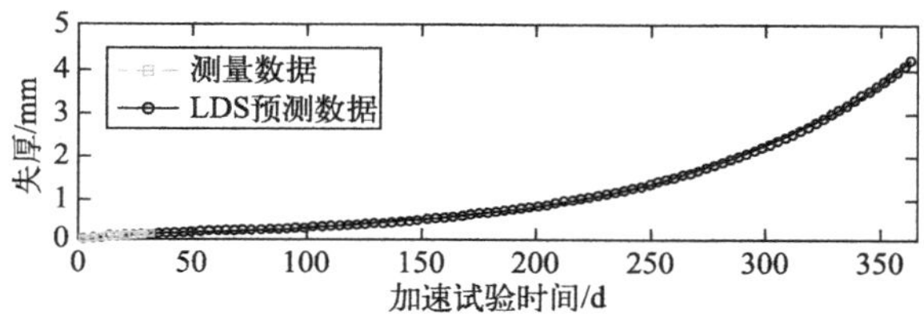

图 6.6　腐蚀试验失厚数据的 LDS 方法预测

从图 6.6 中看出，大约在 347.0960d 时，贮箱的腐蚀失厚达到了 3.5mm。由第 6.2.2 小节当量化处理结果可知，试验条件下腐蚀 1d 相当于实际贮存中腐蚀 22.3092d，当量计算得到贮箱的使用寿命为 347.0960 × 22.3092 = 7743.4341d，换算成年的单位后，该导弹的使用寿命为 21.2149 年。因此，相对于实施检测的时间，该导弹的剩余使用寿命为 21.2149−3=18.2149 年。

6.4　基于灰色理论的贮箱腐蚀剩余寿命预测

对于贮存环境复杂多变的情况，由于腐蚀受各种因素影响，并且难以准确了解各种因素的影响程度，腐蚀的扩展具有复杂的非线性规律，所获得的腐蚀数据也具有一定的不确定性，难以采用当量化腐蚀速率计算的方法来计算贮箱的剩余寿命。在这种情况下，检测获得的腐蚀数据符合灰色理论研究的“部分信息已知、部分信息未知”的“小样本、贫信息”数据特征[222]。因此，应用灰色 GM (1,1) 模型对腐蚀数据进行建模和预测，并针对 GM (1,1) 模型中对 α 参数直接赋值而导致其预测准确度较差的问题，提出 α 参数修正的 GM (1,1) 预测建模方法。

6.4.1 灰色 GM (1,1) 预测模型

灰色预测的基本思想是[233]：通过鉴别系统因素之间的相异程度，进行关联分析，并对观测到的数据进行生成处理，然后建立相应的微分方程模型，实现对未来趋势的预测。

GM(1,1) 模型是应用最广泛的灰色建模方法，将 n 个观测值作为原始序列 $X^{(0)}=\{x^{(0)}(1),x^{(0)}(2),\cdots,x^{(0)}(n)\}$，其中 $x^{(0)}(k)\geqslant 0,k=1,2,\cdots,n$。通过对原始数据列进行累加生成，得到原始数据的灰生成数据：

$$x^{(1)}(k)=\sum_{i=1}^{k}x^{(0)}(i) \tag{6.17}$$

构造紧邻均值生成序列 $Z^{(1)}=\{z^{(1)}(1),z^{(1)}(2),\cdots,z^{(1)}(n)\}$，得到：

$$z^{(1)}(k)=\alpha x^{(1)}(k-1)+(1-\alpha)x^{(1)}(k) \tag{6.18}$$

GM(1,1) 即一元一阶灰色模型可表示为：

$$x^{(0)}(k)+az^{(1)}(k)=b \tag{6.19}$$

其中，$k=2,3,\cdots,n$。

GM(1,1) 模型的白化方程为：

$$\frac{\mathrm{d}X^{(1)}}{\mathrm{d}t}+aX^{(1)}=b \tag{6.20}$$

式中，a 为模型发展系数，其绝对值的大小反映了 $X^{(0)}$ 数据序列的增长速率；b 为灰色作用量，反映了数据的变化关系。

一般取 $\alpha=0.5$，利用最小二乘估计求参数列 $\hat{a}$ [222]。并取 $x^{(1)}(0)=x^{(0)}(0)$，求解微分方程得灰色 GM (1,1) 模型的时间响应序列：

$$\hat{x}^{(1)}(k+1)=\left[x^{(0)}(1)-\frac{b}{a}\right]\mathrm{e}^{-ak}+\frac{b}{a} \tag{6.21}$$

其中，$k=1,2,\cdots,n$。$\hat{x}^{(1)}(k+1)$ 是累加生成的数列的第 $k+1$ 个估计值。

对数据列进行累减还原得到初始序列的预测值：

$$\hat{x}^{(0)}(k+1)=x^{(1)}(k+1)-x^{(1)}(k)=\left[x^{(0)}(1)-\frac{b}{a}\right](1-\mathrm{e}^{a})\mathrm{e}^{-ak} \tag{6.22}$$

其中，$k=0,1,\cdots$

6.4.2 基于 α 参数修正的 GM（1,1）预测模型

大量数据列的预测研究发现[234]，当数据列的发展速率比较快时（即 $|a|$ 较大时)，GM（1,1）模型的预测准确度较差。发展系数 a 与参数 α 具有如下关系式：

$$\alpha=\frac{1}{a}-\frac{1}{e^{a}-1} \tag{6.23}$$

计算发现，$|a|$ 较大时，α 偏离 0.5 较大；而 $|a|$ 较小时，α 非常接近 0.5。GM（1,1）模型简单地采用 $\alpha=0.5$，导致了预测准确度的下降。

因此，提出 GM（1,1）模型的 α 参数修正方法，该方法的基本原理是：首先取 $\alpha=0.5$，在 GM（1,1）模型下计算出 $\hat{a}_i$（此时 $i=1$），然后将 $\hat{a}_i$ 代入式(6.23)，计算出 $\hat{\alpha}_i$，将其代入 GM（1,1）模型重新计算出 $\hat{a}_i$（此时 $i=2$），然后再次代入式（6.23），计算出 $\hat{\alpha}_i$（此时 $i=2$），如此反复迭代计算，直至 $|\hat{a}_{i+1}-\hat{a}_i|<\varepsilon$（$i=1,2,\cdots$。$\varepsilon$ 为任意小的正数）时，认为计算模型达到了精度要求，以 $\hat{a}=\hat{a}_{i+1}$ 代入 GM（1,1）模型对腐蚀数据进行预测。

预测模型建立后，必须对模型的精度进行检验，只有检验合格的模型才能应用于预测。常用残差检验方法[222] 来检验灰色预测模型，分别用 $e^{(0)}(k)$ 和 $\delta^{(0)}(k)$ 表示残差和残差百分比，则

$$e^{(0)}(k)=x^{(0)}(k)-\hat{x}^{(0)}(k) \tag{6.24}$$

$$\delta^{(0)}(k)=\left|\frac{e^{(0)}(k)}{x^{(0)}(k)}\right|\times 100\% \tag{6.25}$$

计算平均相对误差 $\bar{\delta}=\frac{1}{n}\sum_{k=1}^{n}\delta^{(0)}(k)$，用平均相对误差来判定模型的适用性，其评价等级如表 6.2 所示。若 $\bar{\delta}<20\%$，判定模型通过残差检验，可以进行数据预测，若 $\bar{\delta}$ 超过 20%，则必须对模型进行修正使模型的精度满足要求，才能进行预测。

表 6.2 灰色理论预测模型精度检验等级表

精度等级	1 级	2 级	3 级	4 级
相对误差	1%	5%	10%	20%
适用级别	长期	中长期	短期	短期

6.4.3 贮箱腐蚀预测模型的建立

以第 5.3 节试件中大小相同、深度不同的球冠形蚀坑的检测结果为基本数

据，假设从贮箱服役第 2 年开始，采用热波检测方法发现了贮箱内壁的腐蚀，然后逐年对同一部位进行检测，获得了贮箱腐蚀剩余壁厚变化数据，见表 6.3，应用该组数据建立腐蚀预测的灰色理论模型。

表 6.3 贮箱腐蚀剩余壁厚数据

贮箱服役年限/年	1	2	3	4	5	6	7
球冠形蚀坑剩余壁厚/mm	4.7347	4.2901	3.9202	3.5943	3.2822	2.9431	2.6552

为了考察腐蚀数据信息量对预测准确度的影响，分别采用前 5 组数据（$n=5$）和前 6 组数据（$n=6$）建立预测模型，分别应用后 2 组和后 1 组数据对模型进行检验。

应用上述的 GM（1,1）建模方法建立剩余壁厚的预测模型为：

$n=5$ 时：

$$\hat{x}^{(1)}(k+1)=-50.3947e^{-0.0889k}+55.1294 \tag{6.26}$$

$n=6$ 时：

$$\hat{x}^{(1)}(k+1)=-48.7539e^{-0.0923k}+53.4886 \tag{6.27}$$

取 $\varepsilon=10^{-7}$，GM（1,1）模型的 α 参数修正方法进行迭代计算，最终得到剩余壁厚的预测模型为：

$n=5$ 时：

$$\hat{x}^{(1)}(k+1)=-49.5392e^{-0.0903k}+54.2739 \tag{6.28}$$

$n=6$ 时：

$$\hat{x}^{(1)}(k+1)=-47.9027e^{-0.0938k}+52.6374 \tag{6.29}$$

还原数据列，得到腐蚀数据的拟合和预测值，见表 6.4。由建模原理知，第 1 个参数在建模时没有进行生成处理，所以在表中没有列出，其中加下划线的值为预测值。作为对比，采用指数增长线性回归模型对剩余壁厚数据进行了拟合和预测，结果见表 6.4 最后一栏。

表 6.4 剩余壁厚数据的 GM（1,1）模型及其 α 参数修正模型的拟合和预测结果

数据量	壁厚/mm	GM（1,1）模型		α参数修正 GM（1,1）模型		指数增长回归模型	
		预测值/mm	误差/%	预测值/mm	误差/%	预测值/mm	误差/%
$n=5$	4.2901	4.2864	0.0862	4.2774	0.2960	4.2997	0.2229
	3.9202	3.9216	0.0357	3.9081	0.3090	3.9195	0.0176
	3.5943	3.5879	0.1781	3.5706	0.6594	3.584	0.2864
	3.2822	3.2826	0.0122	3.2623	0.6063	3.2879	0.1741
	2.9431	<u>3.0032</u>	<u>2.0421</u>	<u>2.9807</u>	<u>1.2276</u>	<u>3.0266</u>	<u>2.8372</u>
	2.6552	<u>2.7476</u>	<u>3.4800</u>	<u>2.7233</u>	<u>2.5648</u>	<u>2.796</u>	<u>5.3021</u>

续表

数据量	壁厚/mm	GM（1,1）模型		α参数修正 GM（1,1）模型		指数增长回归模型	
		预测值/mm	误差/%	预测值/mm	误差/%	预测值/mm	误差/%
$n=6$	4.2901	4.2983	0.1911	4.2886	0.0350	4.3106	0.4775
	3.9202	3.9193	0.0230	3.9047	0.3950	3.9316	0.2919
	3.5943	3.5736	0.5759	3.5551	1.0906	3.5818	0.3475
	3.2822	3.2585	0.7221	3.2368	1.3832	3.2588	0.7116
	2.9431	2.9711	0.9514	2.9470	0.1325	2.9607	0.5975
	2.6552	2.7091	2.0300	2.6832	1.0545	2.6854	1.1384

由表 6.4 可以看出，GM(1,1) 模型拟合数据的误差最大，线性拟合方法的误差相对较小，而 α 参数修正 GM(1,1) 模型拟合数据的误差最小。GM(1,1) 模型和线性回归模型的拟合过程不能实现误差控制，而 α 参数修正的 GM(1,1) 模型在拟合过程中，通过参数的多次迭代计算，有效地削弱了拟合误差。

由计算出的拟合值和预测值，按照残差检验方法对预测模型进行精度检验，计算得到平均相对误差结果如表 6.5 所示。

表 6.5 剩余壁厚预测值的平均相对误差

预测模型	GM（1,1）模型		α 参数修正 GM（1,1）模型	
	$n=5$	$n=6$	$n=5$	$n=6$
平均相对误差/%	0.9724	0.7489	0.9521	0.6819

由表 6.5 可以看出，GM(1,1) 模型和 α 参数修正 GM(1,1) 模型的平均相对误差值都小于 1%，模型的精度等级为 1 级，建立的预测模型可以用于预测。但 α 参数修正 GM(1,1) 模型的平均相对误差值较小，表明 α 参数修正 GM(1,1) 模型比 GM(1,1) 模型的预测精度高，能够更准确地预测未来腐蚀情况。

由表 6.5 中的平均相对误差，以及表 6.4 中 GM(1,1) 模型和 α 参数修正 GM(1,1) 模型的拟合与预测误差，发现原始数据序列包含的腐蚀数据的信息量越大，建立的数学模型的预测准确度越高，因此，实际应用中应尽可能获取充分的原始数据。

数据迭代计算发现，对于给定的 $\varepsilon=10^{-7}$，只需要迭代 4 次就能满足精度要求，因此 α 参数修正 GM(1,1) 模型具有预测速度快、精度高的特点。

6.4.4 贮箱腐蚀剩余寿命预测算例

由上述分析，采用 α 参数修正 GM(1,1) 模型来预测贮箱的腐蚀剩余寿命，由预测模型式（6.28）和式（6.29）进行数据列的累减还原，得到原始数据序列的预测序列：

$n=5$ 时：

$$\hat{x}^{(1)}(k+1)=4.6810\mathrm{e}^{-0.0903k} \tag{6.30}$$

$n=6$ 时：

$$\hat{x}^{(1)}(k+1)=4.7108\mathrm{e}^{-0.0938k} \tag{6.31}$$

假定贮箱最小允许剩余壁厚 $\delta_c=1.5\text{mm}$，分别代入预测模型式（6.30）和式（6.31），计算基于5年和6年的检测数据的贮箱剩余寿命。计算得到：$n=5$ 时，服役期限为 $k+1=6.4734$ 年；$n=6$ 时，服役期限为 $k+1=6.2985$ 年。

也就是说，根据检测结果分析，第5年检测时，贮箱的腐蚀剩余寿命为1.4734年；到第6年检测时，贮箱的腐蚀剩余寿命仅为0.2985年，已接近其使用寿命期限，因此，应注意监控危险事故的发生，并采取相应的防范措施或开展贮箱修复延寿等工作，或依据需要制定导弹的退役工作安排。

6.5 贮箱腐蚀剩余寿命预测值的可靠性分析

上述研究建立了贮箱腐蚀的剩余寿命预测方法，实现了寿命预测。从预测过程来看，如果不考虑腐蚀损伤形态和剩余壁厚的测量误差，则检测获得的剩余壁厚 δ_r 是一个确定的值。如果考虑到腐蚀检测中的不确定性因素，则剩余壁厚 δ_r 应服从某种概率分布，发生腐蚀失效的物理模型可用应力-强度干涉可靠性模型来分析[235,236]。建立时间 t 下的剩余壁厚 $\delta_r(t)$ 和最小允许剩余壁厚 δ_c 的干涉模型，用 G 作为 $\delta_r(t)$ 和 δ_c 的干涉随机变量，状态方程为 $G=\delta_r(t)-\delta_c$，则 G 表示了贮箱结构的安全裕量。

假设剩余壁厚 δ_r 和最小允许剩余壁厚 δ_c 是两个独立的连续性随机变量，其概率密度函数分别为 $f(\delta_r)$ 和 $f(\delta_c)$，则结构的可靠度为：

$$R(t)=P(G>0)=P[\delta_r(t)-\delta_c>0] \tag{6.32}$$

图6.7为 $f(\delta_r)$ 和 $f(\delta_c)$ 的干涉曲线，图中阴影部分为干涉区，在干涉区内 $\delta_r<\delta_c$，贮箱处于腐蚀失效状态，失效概率与干涉面积的大小有关。当 $t=0$ 时，贮箱壁厚有一定的安全裕度，不会发生失效。随着时间的推移，由于腐蚀等因素使贮箱壁厚减薄，干涉区面积增加，失效概率增加，可靠度降低。

贮箱寿命的可靠度 $R(t)$ 可表示为：

$$R(t)=\int_0^{\delta} f(\delta_r)\left[\int_{\delta_r}^{\delta} f(\delta_c)\,\mathrm{d}\delta_c\right]\mathrm{d}\delta_r \tag{6.33}$$

如果不考虑剩余壁厚识别结果的不确定性，则 δ_r 为一个确定值，其干涉图如图6.8所示，其可靠度为：

$$R(t)=\int_0^{\delta} f(\delta_c)\,\mathrm{d}\delta_c \tag{6.34}$$

计算得到 t 时刻的可靠度，则 $R(t)$ 表明了贮箱寿命取时间 t 的可靠度。

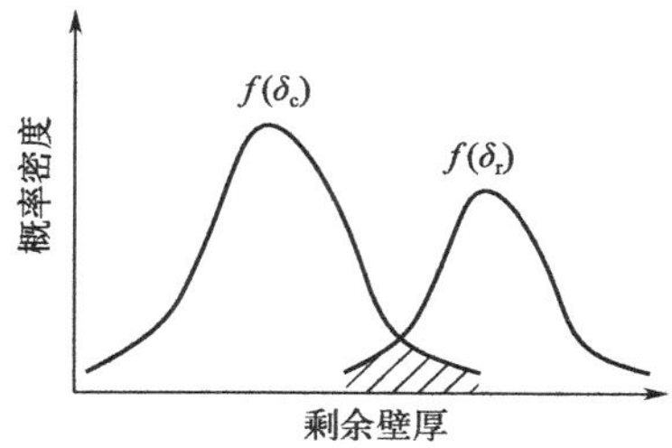

图 6.7 δ_r和δ_c的概率密度干涉图

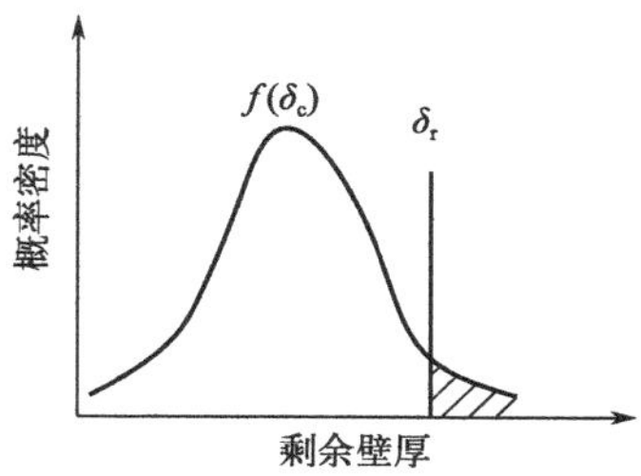

图 6.8 δ_c为确定值时的概率密度干涉图

6.6 基于热波检测的贮箱腐蚀剩余寿命预测系统设计

6.6.1 贮箱腐蚀剩余寿命预测系统总体设计

为实现导弹腐蚀剩余寿命的自动化预报，设计贮箱腐蚀剩余寿命预测系统。该系统硬件部分包括红外热像仪、热激励装置、控制装置等设备，主要完成原始红外热图像的采集和存储；软件部分包括图像处理、损伤识别、控制程序及剩余寿命预测软件系统。

贮箱腐蚀剩余寿命预测系统的设计充分考虑了不同检测条件以及后期处理中对不同处理方法的需求，力求系统具有较强的可移植性、可重构性和人机交互功能，采用模块化设计思想，在 Delphi 集成编程环境下进行软件开发和源代码的编写，在模块功能设计方面，使用了数据库技术，将当量腐蚀条件数据、腐蚀规律数据、检测区域、腐蚀损伤历史检测数据、腐蚀损伤位置识别、大小识别和剩余壁厚识别数据以及剩余寿命预测数据等全部用数据库来存储和管理，使用户可以根据需要，选择和配置不同功能模块及其参数，采用合适的剩余寿命预测方法来实现预测。

预测系统的运行平台为 Windows 操作系统，其功能模块包括腐蚀规律数据模块、贮存环境条件输入模块、热波检测模块、腐蚀损伤定量识别模块和剩余寿命计算模块等，软件系统的模块组成及数据流向如图 6.9 所示。

首先要对检测区域进行分块、编号，确定待检测区域，然后采用热波方法进行检测和腐蚀损伤的定量识别。在计算寿命时，有两种途径：若预测前输入了完整的腐蚀规律数据和贮存环境条件数据，则在腐蚀损伤的热波定量识别后进入腐蚀规律数据模块进行当量化处理，根据腐蚀试验数据来预测腐蚀剩余寿命；若预测前没有输入贮存环境条件或腐蚀规律数据，则在腐蚀损伤识别后直接进入剩余寿命计算模块。进入预测系统时的界面如图 6.10 所示。

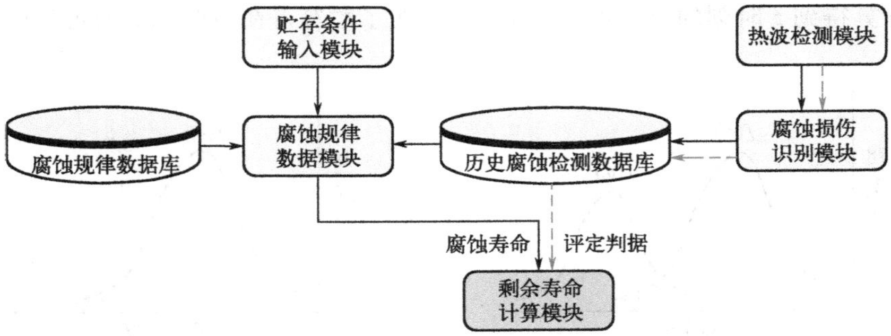

图 6.9 剩余寿命预测软件系统主要模块及其数据流向

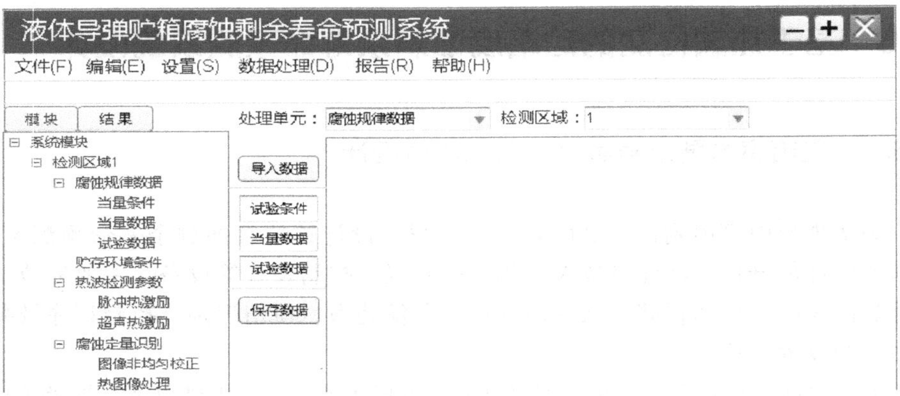

图 6.10 贮箱腐蚀剩余寿命预测软件系统界面

6.6.2 贮箱剩余寿命预测软件系统模块设计

（1）腐蚀规律数据模块设计

贮存条件输入模块主要实现腐蚀试验数据的输入、保存、导入和管理。如图 6.11 所示，初次使用时，点击“试验条件”，在弹出的“当量试验条件管理器”中创建当量条件，并配置条件参数。

腐蚀规律试验数据的输入过程如图 6.12 所示，点击“当量数据”进入“编辑腐蚀电流数据”，根据试验结果输入腐蚀电流数据；点击“试验数据”进入“腐蚀试验数据”，根据试验结果输入腐蚀失重和失厚数据。其中系统默认输入当量温度为 20℃、HNO_3 体积分数为 30%，但用户可根据实际条件进行更改。

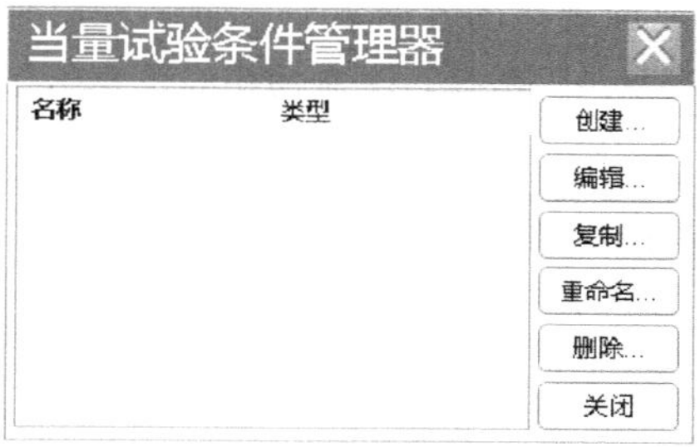

(a) 当量试验条件管理器

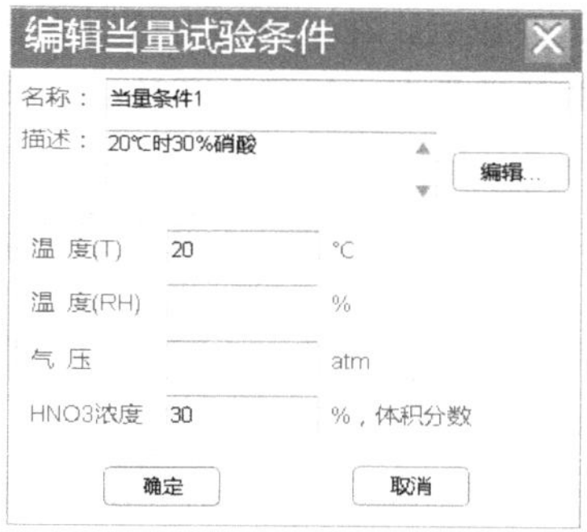

(b) 编辑当量试验条件

图 6.11　腐蚀规律当量条件设置

(a) 温度当量

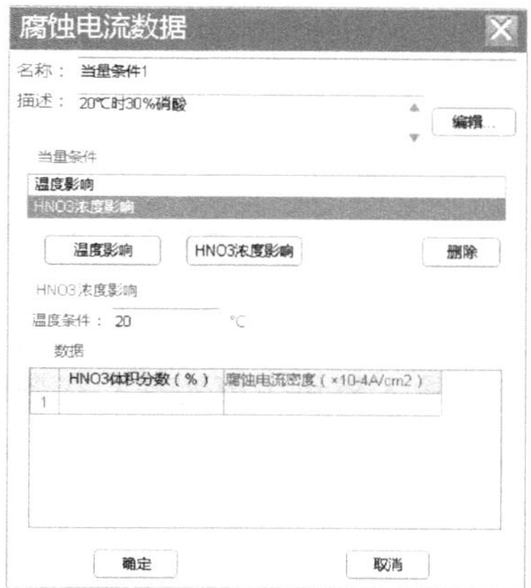

(b) 浓度当量

(c) 腐蚀失重

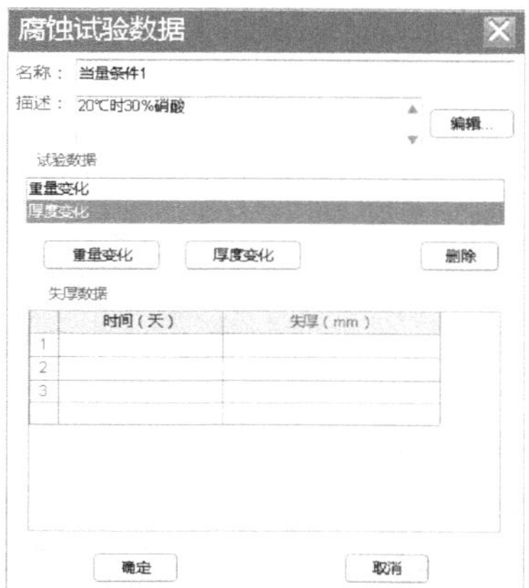

(d) 腐蚀失厚

图 6.12　腐蚀规律实验结果数据输入

输入完成后，在主界面上可看到如图腐蚀规律的各项数据，如图 6.13 所示，未输入参数的条件在主界面上不显示。保存当量条件数据，下次使用时可直接导入。

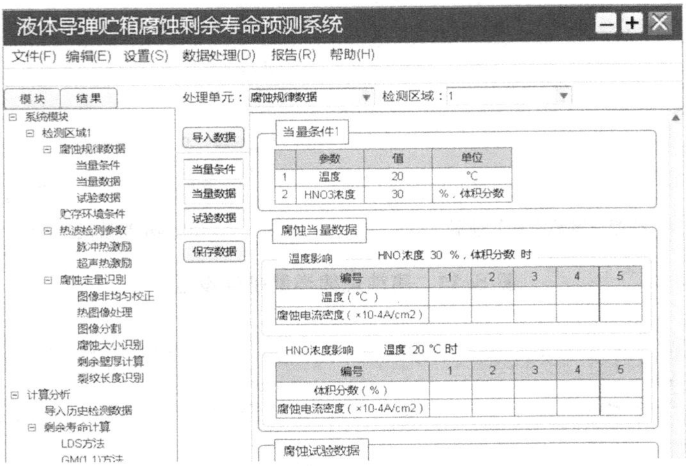

图 6.13 腐蚀规律数据管理窗口

(2) 贮存条件输入模块设计

贮存条件输入模块主要实现贮存条件的输入、保存、导入和管理。其数据的输入方法与腐蚀规律数据模块的输入方法一样，最终的贮存参数输入结果如图 6.14 所示。

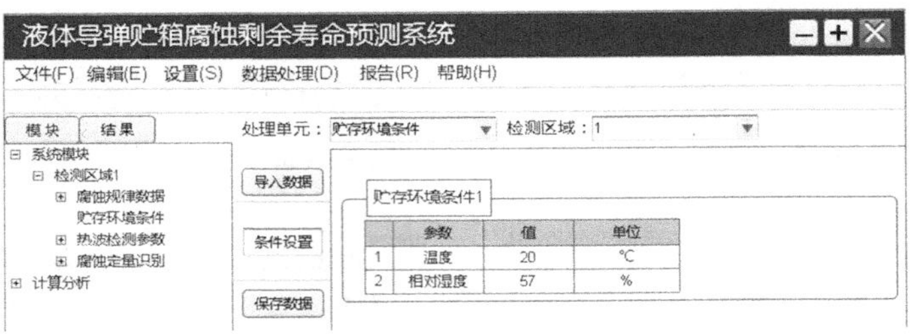

图 6.14 贮存环境条件输入结果

(3) 热波检测模块设计

热波检测模块是剩余寿命预测系统的硬件部分，通过硬件控制程序、热激励源触发程序、数据采集和存储模块等的设计，把硬件设备嵌入预测系统中，可完成贮箱的腐蚀检测、识别和寿命预测等一系列处理过程，实现寿命预测的自动化。热波检测模块现主要实现热像仪、脉冲热激励源和超声波激励源参数的设置功能，如图 6.15 所示，热波检测参数的输入结果如图 6.16 所示。

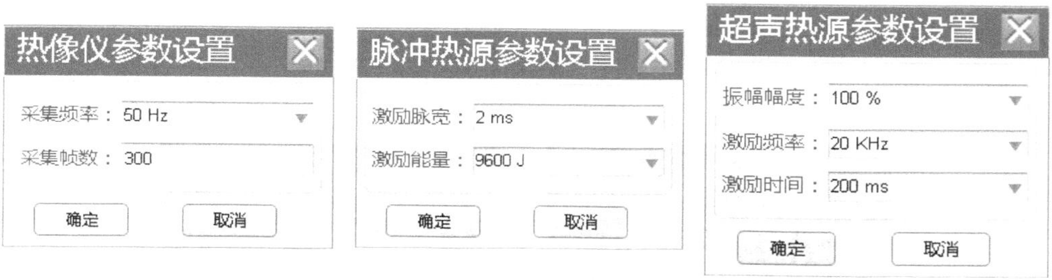

(a) 热像仪参数　　(b) 脉冲参数　　(c) 超声参数

图 6.15　热波检测参数输入

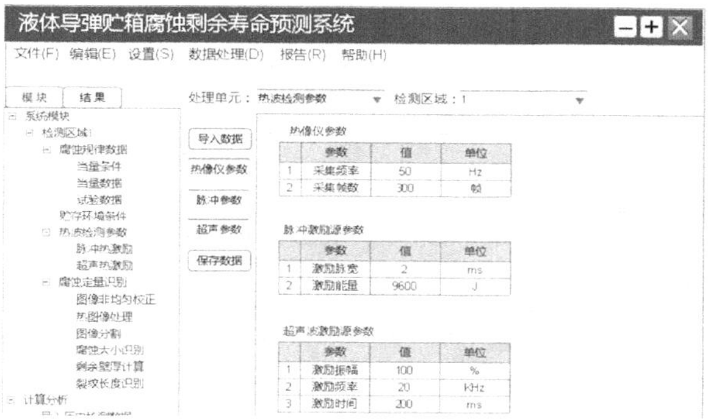

图 6.16　热波检测参数管理窗口

(4) 腐蚀损伤定量识别模块设计

腐蚀损伤定量识别模块主要实现热图像的处理、分割、腐蚀坑数目、大小、剩余壁厚的识别和结果输出。各功能单元设计和结果输出如图 6.17 所示。

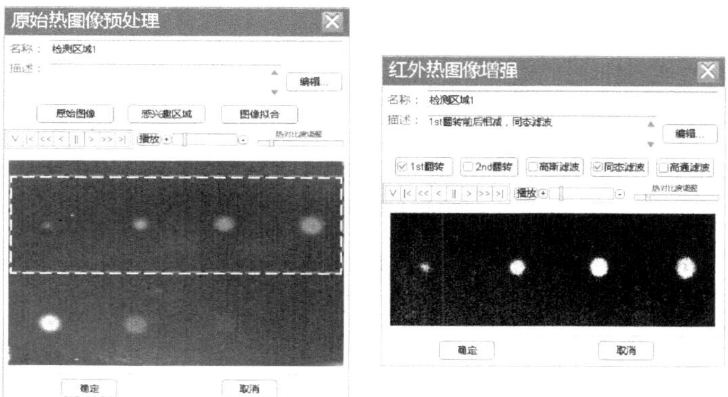

(a) 热图预处理　　(b) 图像增强

图 6.17

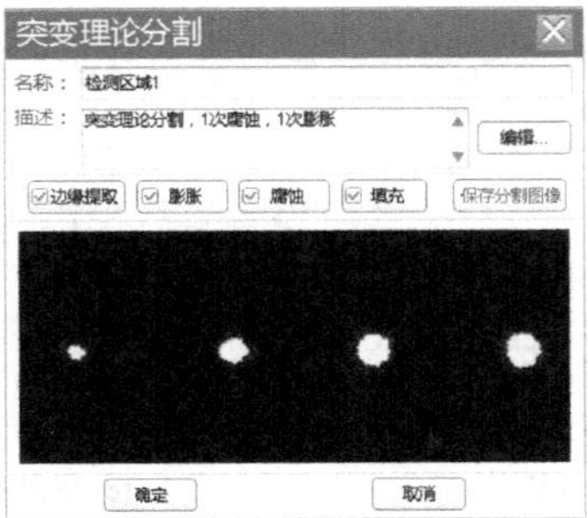

(c) 突变理论分割

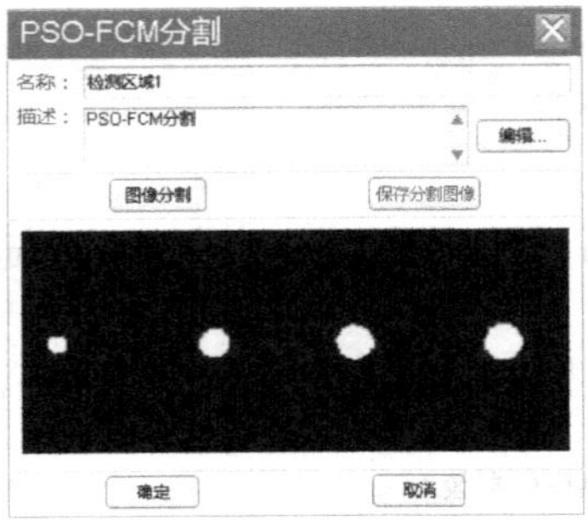

(d) PSO-FCM分割

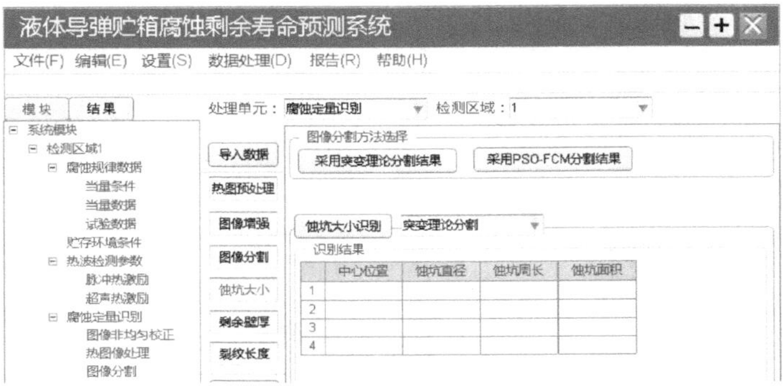

(e) 蚀坑大小识别

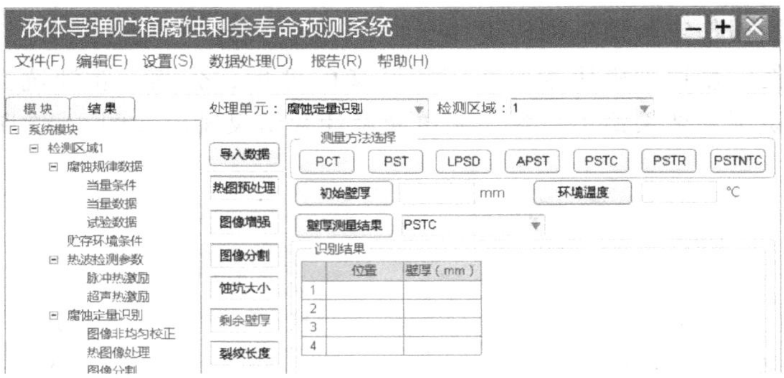

(f) 剩余壁厚识别

图 6.17　腐蚀损伤的定量识别过程

(5) 剩余寿命预测模块设计

在完成上述数据输入和腐蚀损伤定量识别之后，进入寿命预测模块，其主界面如图 6.18 所示，用户可直接点击界面上的预测方法，进入预测界面，输入临界剩余壁厚（最小剩余壁厚）数据，点击需要获取的信息按钮，即可获取贮箱的寿命信息。本系统提供了数据的保存、导出、查看和另存为文本的功能，方便预测结果的输出和报告。

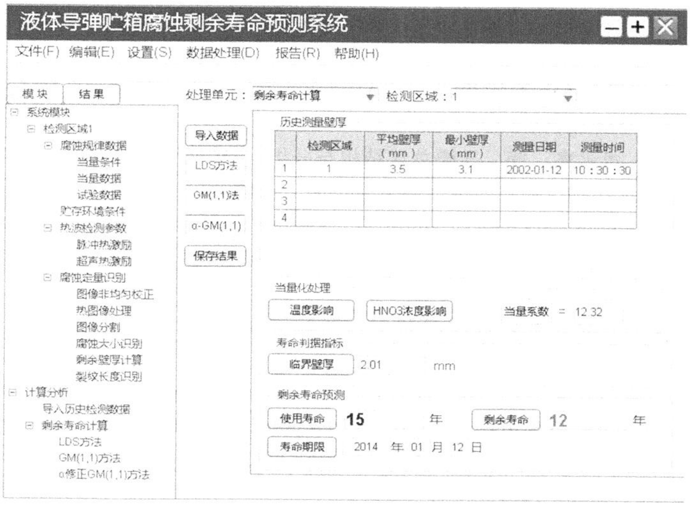

图 6.18　剩余寿命预测模块主界面

参考文献

[1] 罗荣寿．一种简单的预包装贮箱：介绍 AQM-37A 靶弹的推进剂输送系统［J］. 战术导弹技术，1981（1）：47-54.

[2] 常新龙，胡宽，张永鑫，等．导弹总体结构与分析［M］. 北京：国防工业出版社，2010.

[3] 于翘．材料工艺（上）［M］. 北京：宇航出版社，1989.

[4] White H M. Long-term storability of propellant tankage［R］. AFRPL-TR-71-113，1971.

[5] 孙彦平，孟晓华．航天主要金属结构材料与肼的相容性［J］. 宇航材料工艺，1997，27（3）：13-17.

[6] 李忠林，罗秉和．材料在四氧化二氮中的腐蚀研究［J］. 推进技术，1993，14（1）：78-82，69.

[7] Tolberg W E，Rewick R T，Dolder M P. Chemical and metallurgical analyses of 6Al-4V titanium test specimens exposed to hydrazine（N_2H_2）liquid propellant［R］. NASA-CR-121456，1969.

[8] Moran C，Bjorklund R. Propellant/material compatibility program and results（Ten-year milestone）［R］. NASA-CR-170346，1982.

[9] White H M. Long-term storability of propellant tankage［R］. AFRPL-TR-72-126，1972.

[10] Salvaggi J，Kammerer H G，King E J. Analysis of liquid rocket tankage［R］. AFRPL-TR-74-82，1975.

[11] Toth L R，Cannon W A，Coulbert C D，et al. Propellant / material compatibility program and results［R］. NASA-CR-149149，1976.

[12] Brown C T. Feasibility Studies of an Electrochemical Test Method for Nitrogen Tetroxide Compatibility Testing（Task Ⅱ，Report）［R］. AFRPL-TR-78-72，1978.

[13] 李忠林，侯竹林，罗秉和．四氧化二氮与卫星贮箱材料的长期相容性研究［J］. 推进技术，1999（1）：48-56.

[14] 杨树祯．不锈钢在氧化剂中的腐蚀与电化学行为研究［J］. 兵器材料科学与工程，1991（2）：21-24.

[15] 王进鸣，韩荣辉．推进剂四氧化二氮贮存试验研究［R］. 中国国防科学技术报告，GF-A0033701G，1997.

[16] 常新龙．火箭发动机薄弱部位结构可靠性研究［D］. 西安：西北工业大学，1998.

[17] 冯志刚，方昌华，李静．国外导弹加速老化试验现状分析［J］. 飞航导弹，2007（4）：47-52.

[18] 杨万均，肖敏，何建新．某导弹用乙丙橡胶贮存性能分析［J］. 装备环境工程，2004，1（3）：70-73.

[19] 陈海建，李波，顾钧元，等．基于加速寿命试验的导弹寿命预估方法［J］. 四川兵工学报，2010，31（4）：11-12，24.

[20] 刘国庆，常新龙，张晓军．导弹推进剂贮箱结构强度及剩余寿命实验研究［J］. 宇航材料工艺，2007（2）：70-73.

[21] 吴进煌，戴邵武，徐胜红．基于可靠度预估模型的导弹贮存寿命分析［J］. 海军航空上程学院学报，2005，20（4）：477-479.

[22] 李筱玲，常新龙，杜海霞．导弹贮箱的剩余寿命分析［J］. 弹箭与制导学报，2007，27

(1)：324-325.

[23] 胡宽，常新龙，杨海生．推进剂贮存容器J积分安全评定与寿命预测[J]. 机械设计与研究，2010，26(1)：15-18.

[24] 徐廷学，陈海建，滕克难，等．导弹贮存寿命预估的组合模型[J]. 火力与指挥控制，2011，36(10)：124-126，130.

[25] Tsubouchi T，Takaki S，Kawaguchi Y，et al. A straight pipe observation from the inside by laser spot array and a TV camera [C]. 2000 IEEE/RSJ International Conference on Intelligent Robots and Systems，2002：82-87.

[26] Okatani T，Deguchi K. Shape reconstruction from an endoscope image by shape from shading technique for a point light source at the projection center [J]. Computer Vision and Image Understanding，1997，66(2)：119-131.

[27] Hasegawa K. Sato Y. High speed endoscope type 3-D measurement [C]. Fourth Asian Conference on Computer Vision，2000，Ⅱ：887-892.

[28] Richard D. Laser profilometry as an inspection method for reformer catalyst tubes [J]. Materials Evaluation，1999，57(4)：420-422.

[29] Cowling T. Innovative furnace tube inspection system [J]. Materials Evaluation，1999，57(4)：447-449.

[30] 美国无损检测学会．美国无损检测手册-超声卷[M]. 上海：世界图书出版公司，1996.

[31] 周正干，冯海伟. 超声导波检测技术的研究进展[J]. 无损检测，2006，28(2)：57-63.

[32] 李雪辰，徐滨士，董世运，等．管道内壁缺陷无损检测技术[J]. 无损检测，2007，29(10)：603-606.

[33] 李久青，杜翠薇．腐蚀试验方法及监测技术[M]. 北京：中国石化出版社，2007.

[34] 徐祖耀，黄本立，鄢国强．中国材料工程大典．第26卷．材料表征与检测技术[M]. 北京：化学工业出版社，2005.

[35] Sophian A，Tian G Y，Zairi S. Pulsed magnetic flux leakage techniques for crack detection and characterisation [J]. Sensors and Actuators A：Physical，2006，125(2)：186-191.

[36] Wilson J W，Tian G Y. Pulsed electromagnetic methods for defect detection and characterisation [J]. NDT & E International，2007，40(4)：275-283.

[37] 左宪章，张韬，田贵云，等．基于脉冲漏磁原理的涂覆层下腐蚀缺陷检测[J]. 传感技术学报，2011，24(7)：990-995.

[38] Ryley A C，Ghasr M T，Kharkovsky S，et al. Application of millimeter wave，eddycurrent and thermographic methods for detection of corrosion in aluminum substrate [C]. AIP Conference Proceedings，2007：1258-1265.

[39] 谷小红．声信号检测与腐蚀模型法相结合的埋地水管SIM系统研究[D]. 杭州：浙江大学，2006.

[40] Park S，Kitsukawa S，Katoh K，et al. Development of AE monitoring method for corrosion damage of the bottom plate in oil storage tank on the neutral sand under loading [J]. Materials Transactions，2006，47(4)：1240-1246.

[41] Park S，Kitsukawa S，Katoh K，et al. AE source and relation between AE activity and rate of corrosion of oil tank bottom plate on acidic soils [J]. Materials Transactions，2005，46(11)：2490-2496.

[42] 王巍．特种设备腐蚀检测技术的新进展[J]. 中国特种设备安全，2011，27(3)：66.

[43] Shepard S M. Thermography of composites [J]. Materials Evaluation，2007(7)：690-696.

[44] Yang Z，Zhang W，Tian G，et al. Debond detection of shell/insulation in SRM by thermal wave

NDT [C]. 48th AIAA Aerospace Sciences Meeting Including the New Horizons Forum and Aerospace Exposition，2010：934.

[45] 邓晓东，成来飞，梅辉，等. C/SiC 复合材料的定量红外热波无损检测 [J]. 复合材料学报，2009，25（9）：112-119.

[46] 罗英，张德银，彭卫东，等. 民航飞机主动红外热波成像检测技术应用进展 [J]. 2011，41（7）：718-723.

[47] Marinetti S，Vavilov V. IR thermographic detection and characterization of hidden corrosion in metals：General analysis [J]. Corrosion Science，2010，52（3）：865-872.

[48] Ghosh K K，Karbhari V M. Use of infrared thermography for quantitative non-destructive evaluation in FRP strengthened bridge systems [J]. Materials and Structures，2011，44（1）：169-185.

[49] Guo X W. Simulating modulated thermography of cladding debond in solid rockets [J]. Journal of Mechanical Engineering，2011，47（2）：9.

[50] Mercuri F，Zammit U，Orazi N，et al. Active infrared thermography applied to the investigation of art and historic artefacts [J]. Journal of Thermal Analysis and Calorimetry，2011，104（2）：475-485.

[51] Sato J，Hutchings I M. Non-destructive testing of laminated paper products by active infrared thermography [J]. Appita Journal，2010，63（5）：399-406.

[52] Hendorfer G. Active thermography for quantitative analysis of defects in composites [J]. Materials Testing，2009，51（6）：400-404.

[53] Pan Yicheng，Peter Miller，Richard A. Detection of defects in commercial C/C composites using infrared thermography [J]. Society for Experimental Mechanics- SEM Annual Conference and Exposition on Experimental and Applied Mechanics，2009（1）：199-206.

[54] Sakagami T，Izumi Y，Kubo S. Application of infrared thermography to structural integrity evaluation of steel bridges [J]. Journal of Modern Optics，2010，57（18）：1738-1746.

[55] Zhang W，Song Y J，Yang Z W，et al. Infrared thermal wave nondestructive technology on the defect in the shell of solid rocket motor [C]. 5th International Symposium on Advanced Optical Manufacturing and Testing Technologies：Smart Structures and Materials in Manufacturing and Testing，2010：76590V.

[56] 杨正伟，张炜，武翠琴，等. 导弹发动机壳体粘接质量红外热波检测 [J]. 仪器仪表学报，2010，31（12）：2781-2787.

[57] 杨正伟，张炜，田干，等. 小曲率壳状粘接结构脱粘缺陷热波定量检测 [J]. 材料工程，2010，（12）：39-43.

[58] 赵石彬，张存林，伍耐明. 红外热波无损检测技术用于聚丙烯管道缺陷的检测 [J]. 光学学报，2010，30（2）：456-460.

[59] 赵璟媛. 铸件内部缺陷红外热波检测技术研究 [D]. 太原：中北大学，2009.

[60] 吕晓林，罗纯哲. 红外热波无损检测技术在无人机故障诊断中的应用研究 [J]. 振动与冲击，2010，29（S）：173-175.

[61] 赵璐. 航空发动机涡轮叶片裂纹红外热波无损检测研究 [D]. 长春：长春理工大学，2010.

[62] Shepard S M. Automated processing of thermographic derivatives for quality assurance [J]. Optical Engineering，2007，46（5）：051008.

[63] Maldague X. Theory and practice of infrared technology for nondestructive testing [M]. Hoboken：John Wiley & Sons，Inc.，2001.

[64] 奥齐西克 M N. 热传导 [M]. 北京：高等教育出版社，1983.

[65] Vavilov V，Grinzato E，Bison P G，et al. Surface transient temperature inversion for hidden corrosion characterisation：Theory and applications [J]. International Journal of Heat and Mass Transfer，1996，39（2）：355-371.

[66] Grinzato E，Vavilov V. Corrosion evaluation by thermal image processing and 3D modelling [J]. Revue Générale de Thermique，1998，37（8）：669-679.

[67] Lau S K，Almond D P，Milne J M. A quantitative analysis of pulsed video thermography [J]. NDT & E International，1991，24（4）：195-202.

[68] 薛书文，雷雨，陈习权，等．脉冲红外热成像无损检测的物理检测机理 [J]. 电子科技大学学报，2005，34（3）：320-322，327.

[69] Grinzato E，Vavilov V，Bison P G，et al. Hidden corrosion detection in thick metallic components by transient IR thermography [J]. Infrared Physics & Technology，2007，49（3）：234-238.

[70] 杨正伟，张炜，田干，等．复合材料热波检测影响因素的数值仿真 [J]. 系统仿真学报，2009，21（13）：3918-3921.

[71] 梅林，陈自强，王裕文，等．脉冲加热红外热成像无损检测的有限元模拟及分析 [J]. 西安交通大学学报，2000，34（1）：66-70.

[72] Marinetti S，Bison P G，Grinzato E. 3D heat flux effects in the experimental evaluation of corrosion by IR thermography [C]. 2002 International Conference on Quantitative InfraRed Thermography. QIRT Council，2002：92-98.

[73] 黄红梅，魏臻．红外无损检测的三维有限元仿真 [J]. 安徽工业大学学报（自然科学版），2006，23（3）：313-314.

[74] Chowdhury R. Active infrared thermographic testing procedures by 3-D finite element analysis and experimental correlations [D]. Master Thesis：Wayne State University，2004.

[75] Noack J，Rolfes R，Tessmer J. New layerwise theories and finite elements for efficient thermal analysis of hybrid structures [J]. Computers & Structures，2003，81（26-27）：2525-2538.

[76] 闫相桥，武海鹏．正交各向异性材料三维热传导问题的有限元 [J]. 哈尔滨工业大学学报，2003，35（4）：405-409.

[77] 李友爱，崔俊芝. 复合材料结构热传导问题的多尺度分析方法 [C]. 祝贺郑哲敏先生八十华诞应用力学报告会应用力学进展论文集，2004.

[78] Blessley K，Young C，Nunn J，et al. The feasibility of flash thermography for the examination and conservation of works of art [J]. Studies in Conservation，2010，55（2）：107-120.

[79] Vavilov V，Shiryaev V，Grinzato E. Detection of hidden corrosion in metals by using transient infrared thermography [J]. Insight，1998，6（40）：408-410.

[80] Spicer J W M，Kerns W D，Aamodt L C，et al. Time-resolved IR radiometry using a focalplane array for characterization of hidden corrosion [C]. Thermosense-XV，1993：148-153.

[81] Thomas R L，Favro L D，Kuo P K. Thermal wave imaging of hidden corrosion [R]. AD-A343638，1998.

[82] 薛书文，宗明成，丁铁英，等．利用红外热成像技术检测金属内部近表缺陷 [J]. 红外与毫米波学报，1998，17（6）：424-428.

[83] 薛书文，宗明成，张建新，等．金属内部近表缺陷深度的定量化检测新方法 [J]. 北方交通大学学报，1998，22（1）：59-62.

[84] 薛书文，祖小涛．脉冲红外热成像无损检测系统分辨力研究 [J]. 激光与红外，2005，35（6）：410-412.

[85] 薛书文，洪伟铭，祖小涛．碳钢中缺陷的脉冲红外热成像无损探伤 [J]. 红外与激光工

程，2005，34（4）：446.
[86] Cramer K E，Jacobstein R，Reilly T. Boiler tube corrosion characterization with a scanning thermal line [C]. Thermosense XXIII，2001，4360：594-605.
[87] Shepard S M. Temporal noise reduction，compression and analysis of thermographic image data sequences. US 6516084 [P]. 2003-02-04.
[88] Shepard S M，Ahmed T，Rubadeux B A，et al. Synthetic Processing of Pulsed Thermographic Data for Inspection of Turbine Components [J]. Insight，2001，43（9）：587-589.
[89] Han J S，Park J H. Detection of corrosion steel under an organic coating by infrared photography [J]. Corrosion Science，2004，46（4）：787-793.
[90] 许占显，林为干．一种在役军事装备腐蚀缺陷检测新技术与应用 [J]. 无损探伤，2006，30（3）：1-5.
[91] 孙延春，孙步胜，马齐爽．飞机隐藏腐蚀检测的进展 [J]. 红外技术，2007，29（2）：121-123.
[92] 赵志昌，姚红宇，曹大树，等．应用热波成像技术检测飞机结构隐蔽腐蚀的实验研究 [J]. 材料工程，2012，40（4）：72-75，87.
[93] 张小川，金万平，李艳红，等．玻璃钢平底洞缺陷试件红外热波检测方法 [J]. 激光与红外，2006，36（1）：16-18.
[94] 李艳红，金万平，杨党纲，等．蜂窝结构的红外热波无损检测 [J]. 红外与激光工程，2006，35（1）：45.
[95] 李艳红，赵跃进，冯立春，等．碳纤维基体涂层质量的红外热波检测研究 [J]. 中国激光，2009，36（6）：1489.
[96] 李晓霞，伍耐明，段玉霞，等．碳纤维层合板低速冲击后的红外热波检测分析 [J]. 复合材料学报，2010，27（6）：88-93.
[97] Mignogna R B，Green R E，Duke J C，et al. Thermographic investigation of high-power ultrasonic heating in materials [J]. Ultrasonics，1981，19（4）：159-163.
[98] Favro L D，Thomas R L，Han X，et al. Sonic infrared imaging of fatigue cracks [J]. International Journal of Fatigue，2001，23：471-476.
[99] Favro L D，Han X Y，Zhong O Y，et al. Sonic IR Imaging of Cracks and Delaminations [J]. Analytical Sciences，2001，17（4）：451-453.
[100] Han X Y，Lu J P. Sonic infrared imaging NDE [C]. SPIE，2005，5765：142-147.
[101] Han X Y. Simulation of sonic IR imaging of cracks in metals with finite element models [C]. AIP Conference Proceedings，2006：544-549.
[102] DiMambro J. The potential of sonic IR to inspect aircraft components traditionally inspected with fluorescent penetrant and or magnetic particle inspection [C]. AIP Conference Proceedings. Brunswick，2006：536-543.
[103] Han X Y，He Q. Developing thermal energy computing tools for sonic infrared imaging [C]. Smart Structures and Materials 2006：Sensors and Smart Structures Technologies for Civil，Mechanical，and Aerospace Systems，2006：617432.
[104] Han X Y，Islam M S，Newaz G，et al. Finite element modeling of the heating of cracks during sonic infrared imaging [J]. Journal of Applied Physics，2006，99（7）：074905.
[105] He Q，Han X Y. Crack detection using sonic infrared imaging in steel structures：Experiments and theory of heating patterns [C]. Sensors and Smart Structures Technologies for Civil，Mechanical，and Aerospace Systems，2009：72920Q.
[106] Han X Y，Favro L D，Thomas R L. Sonic IR Imaging of delaminations and disbonds in

composites [J]. Journal of Physics D：Applied Physics，2011，44（3）：034013.
[107] 郑江，郑凯，张淑仪．超声源的位置对激发裂纹热成像的影响 [J]. 无损检测，2009，31（12）：946-949.
[108] 刘慧．超声红外锁相热像无损检测技术研究 [D]. 哈尔滨：哈尔滨工业大学，2010.
[109] 王成亮，杨波．飞机复合材料超声红外无损检测实验研究 [J]. 激光与红外，2010，40（4）：376-379.
[110] 陈大鹏，李晓丽，李艳红．超声红外热像技术检测激光焊缝质量 [J]. 无损检测，2008，30（10）：747-749.
[111] 宋远佳，张炜，田干，等．基于超声红外热成像技术的复合材料损伤检测 [J]. 固体火箭技术，2012，35（4）：559-564.
[112] 冯辅周，张超省，袁建，等．超声红外热波技术中裂纹的识别和重构 [J]. 无损检测，2011，33（11）：17-20.
[113] 冯辅周，张超省，张丽霞，等．超声红外热波技术的研究现状 [J]. 无损检测，2011，34（9）：6-9.
[114] 陈赵江，张淑仪，郑江，等．利用有限元方法模拟微裂纹在强超声作用下的摩擦发热现象 [J]. 无损检测，2010，32（11）：838-841.
[115] Sakagami T，Kuroki K，Kubo S，et al. Detection of stress corrosion cracking by sonic-IR technique [J/OL]. NDT. net，JRC-NDE，2009. http：//www. ndt. net/article/jrc-nde2009/papers/149. pdf.
[116] Busse W G. Lock-in thermography for nondestructive evaluation of materials [J]. Revue Générale de Thermique，1998（37）：693-703.
[117] Maldague X，Marinetti S. Pulse phase infrared thermography [J]. Journal of Applied Physics，1996，79（5）：2694-2698.
[118] Galmiche F. Pulsed phased thermography with the wavelet transform [C]. AIP Conference Proceedings，2000：609-616.
[119] Meola C. Nondestructive evaluation of materials with rear heating lock-In thermography [J]. IEEE Sensors Journal，2007，7（10）：1388-1389.
[120] 刘俊岩，戴景民，王扬．红外锁相法热波检测技术及缺陷深度测量 [J]. 光学精密工程，2010，18（1）：37-43.
[121] Montanini R. Quantitative determination of subsurface defects in a reference specimen made of Plexiglas by means of lock-in and pulse phase infrared thermography [J]. Infrared Physics & Technology，2010，53（5）：363-371.
[122] Liu J Y，Yang W，Dai J M. Research on thermal wave processing of lock-in thermography based on analyzing image sequences for NDT [J]. Infrared Physics & Technology，2010，53（5）：348-357.
[123] Liu J Y，Tang Q J，Liu X，et al. Research on the quantitative analysis of subsurface defects for non-destructive testing by lock-in thermography [J]. NDT & E International，2012，45（1）：104-110.
[124] 霍雁，赵跃进，李艳红，等．脉冲和锁相红外热成像检测技术的对比性研究 [J]. 激光与红外，2009，39（6）：602-604.
[125] 杨京，郭兴旺，董淑琴．铝合金模拟腐蚀缺陷的红外热波无损检测 [J]. 微计算机信息，2008，24（1）：55-57，75.
[126] 李艳红，赵跃进，冯立春，等. 红外热波脉冲位相法无损检测缺陷深度方法研究 [J]. 北京理工大学学报，2008，28（2）：146-149.
[127] Galmiche F，Leclerc M，Maldague X. Time aliasing problem in pulsed phased thermography

[C]. SPIE，2001，4360：550-553.
[128] Ibarra-Castanedo C，González D，Klein M，et al. Infrared image processing and data analysis [J]. Infrared Physics & Technology，2004，46（1-2）：75-83.
[129] Maldague X，Galmiche F，Ziadi A. Advances in pulsed phase thermography [J]. Infrared Physics & Technology，2002，43（3-5）：175-181.
[130] Ibarra-Castanedo C，Maldague X P. Pulsed phase thermography inversion procedure using normalized parameters to account for defect size variations [C]. Thermosense XXVII，2005：334.
[131] Shepard S M. Induction-Based Thermographic Inspection of Composites [R]. AFRL-SR-TR-05-0043，2005.
[132] Shepard S M，Ahmed T，Lhota J R. Experimental considerations in vibrothermography [C]. Thermosense XXVI，2004：332.
[133] Mabrouki F，Thomas M，Genest M，et al. Frictional heating model for efficient use of vibrothermography [J]. NDT & E International，2009，42（5）：345-352.
[134] Mabrouki F，Thomas M，Genest M，et al. Numerical modeling of vibrothermography based on plastic deformation [J]. NDT & E International，2010，43（6）：476-483.
[135] Safai M. Detection of surface cracks，pits，and scratches in highly reflective and low-emissive materials by using a laser beam trapping and infrared imaging technique [C]. Thermosense XXVIII，2006：62051D.
[136] Howard D R，Ringermacher H I，Dubois M，et al. Laser-ultrasound inspection using infrared thermography. US 7605924 [P]. 2009-10-20.
[137] Balageas D L，Krapez J C，Cielo P. Pulsed photothermal modeling of layered materials [J]. Journal of Applied Physics，1986，59（2）：348-357.
[138] Plotnikov Y A，Winfree W P. Advanced image processing for defect visualization in infrared thermography [R]. VA 23681-0001，1996.
[139] Hamzah A R，Delpech P，Saintey M B，et al. An Experimental Investigation of Defect sizing by Transient Thermography [J]. Insight，1996，38（3）：167-171.
[140] Deemer C，Sun J G，Ellingson W A，et al. Front-Flash thermal imaging characterization of continuous fiber ceramic composites [J]. Ceram. Eng. Sci. Proc.，1999，20（3）：317-324.
[141] Sun J G. Method for determining defect depth using thermal imaging. US 6542849 [P]. 2003-04-01.
[142] Sun J G. Analysis of pulsed thermography methods for defect depth prediction [J]. Journal of Heat Transfer，2006，128（4）：329-338.
[143] Zeng Z，Zhou J，Tao N，et al. Absolute peak slope time based thickness measurement using pulsed thermography [J]. Infrared Physics & Technology，2012，55（2-3）：200-204.
[144] Zeng Z，Li C G，Tao N，et al. Depth prediction of non-air interface defect using pulsed thermography [J]. NDT & E International，2012，48：39-45.
[145] 霍雁，张村林．碳纤维复合材料内部缺陷深度的定量红外检测 [J]．物理学报，2012，61（14）：199-205.
[146] 曾智，陶宁，冯立春，等．缺陷尺寸对红外热波技术缺陷深度测量的影响研究 [J]．红外与激光工程，2012，41（7）：1910-1915.
[147] 陶宁，曾智，冯立春，等．基于反射式脉冲红外热成像法的定量测量方法研究 [J]．物理学报，2012，61（17）：314-320.
[148] 李艳红，赵跃进，张存林．半透明材料涂层的红外检测 [J]．光学精密工程，2009，17（7）：1502-1506.

［149］先明乐，徐振高，杨小林．红外热波检测复合材料时缺陷深度的自动测量［J］．无损检测，2009，31（6）：460-463.

［150］陶宁，曾智，冯立春，等．基于脉冲红外热成像法的暗藏物蓄热系数的测量［J］．红外与激光工程，2011，40（11）：2098-2103.

［151］Almond D P，Lau S K. Edge effects and a method of defect sizing for transient thermography［J］. Applied Physics Letters，1993，62（25）：3369-3371.

［152］薛书文．PVT 无损检测技术的定量化分析与研究［D］．北京：北方交通大学，1997.

［153］王永茂，郭兴旺，李日华．红外检测中缺陷大小和深度的测量［J］．激光与红外，2002，32（6）：404-406.

［154］Shepard S M，Wang D，Lhota J R，et al. Reconstruction and enhancement of thermographic sequence data［C］. Nondestructive Evaluation and Health Monitoring of Aerospace Materials and Civil Infrastructures，2002：74-77.

［155］Shepard S M，Lhota J R. Flash duration and timing effects in thermographic NDT［C］. Thermosense XXVII，2005：352.

［156］Shepard S M. Advances in thermographic NDT［C］. Infrared Technology and Applications XXIX，2003：882.

［157］Shepard S M，Lhota J R，Ahmed T，et al. Thermographic inspection of composite structures［J］. SAMPE Journal，2003，39（5）：53-59.

［158］Shepard S M. System for generating thermographic images using thermographic signal reconstruction. US 7724925［P］. 2010-05-25.

［159］Rajic N. Principal component thermography for flaw contrast enhancement and flaw depth characterisation in composite structures［J］. Composite Structures，2002，58（4）：521-528.

［160］Omar M A，Parvataneni R，Zhou Y. A combined approach of self-referencing and Principle Component Thermography for transient，steady，and selective heating scenarios［J］. Infrared Physics & Technology，2010，53（5）：358-362.

［161］Vavilov V P. Dynamic thermal tomography：Perspective field of thermal NDT［C］. Thermosense XII：An International Conference on Thermal Sensing and Imaging Diagnostic Applications，1990：178.

［162］Benitez H，Maldague X，Ibarra-Castanedo C，et al. Modified differential absolute contrast using thermal quadrupoles for the nondestructive testing of finite thickness specimens by infrared thermography［C］. Canadian Conference on Electrical and Computer Engineering，2006：1039-1042.

［163］Madruga F J，Ibarra-Castanedo C，Conde O M，et al. Infrared thermography processing based on higher-order statistics［J］. NDT & E International，2010，43（8）：661-666.

［164］郭兴旺，邵威，郭广平，等．红外无损检测加热不均时的图像处理方法［J］．北京航空航天大学学报，2005，31（11）：1204-1207.

［165］郭兴旺，高功臣，吕珍霞．基于奇异值分解的红外热图像序列处理［J］．航空航天大学学报，2006，32（8）：937-940.

［166］郭兴旺，高功臣，吕珍霞．主分量分析法在红外数字图像序列处理中的应用［J］．红外技术，2006，28（6）：311-314.

［167］Song Y J，Zhang W，Yang Z W，et al. The research of non-uniformity correction of infrared image in thermal wave testing based on homomorphism technology［J］. Applied Mechanics and Materials，2011，58-60：2376-2380.

［168］杨正伟，张炜，王焰，等．同态增晰技术在红外热波探伤图像校正中的应用［J］．红外

与激光工程，2011，40（1）：22-27.

[169] 宋远佳，张炜，王冬冬，等. 热波检测缺陷定量识别与图像重建研究［J］. 材料工程，2012（5）：39-46.

[170] 姜长胜，王迪，张存林，等. 红外热波无损检测序列图像的增强方法［J］. 无损检测，2007，29（8）：440-442.

[171] 孙延春，马齐爽，刘跃明，等 . 改进 PCA 在热波图像处理中的应用［J］. 北京航空航天大学学报，2008，34（9）：1012-1015.

[172] 宋远佳，张炜，金国锋，等 . 基于独立分量分析的红外热波无损检测图像增强研究［J］. 无损检测，2011，33（9）：49-53.

[173] 刘涛，张炜，何付军，等 . 红外热波检测方法图像增强环节研究［J］. 红外与激光工程，2012，41（7）：1921-1927.

[174] 刘波，张存林，冯立春，等 . 热波检测碳纤维蜂窝材料脱粘缺陷的边缘识别［J］. 红外与激光工程，2007，36（2）：211-213.

[175] 张炜，蔡发海，马宝民，等 . 基于数学形态学的红外热波图像缺陷的定量识别分析［J］. 无损检测，2009，31（8）：596-599.

[176] 杨正伟，张炜，田干，等 . 红外热波方法检测壳状结构脱粘缺陷［J］. 红外与激光工程，2011，40（2）：186-191.

[177] Zhang J Y，Chen Y，Huang X X. Edge detection of images based on improved Sobel operator and genetic algorithms［C］. International Conference on Image Analysis and Signal Processing，2009：31-35.

[178] Zhang J Y，Chen Y，Huang X X. IR thermal image segmentation based on enhanced genetic algorithms and two-dimensional classes square error［C］. Second International Conference on Information and Computing Science，2009：309-312.

[179] 许新征，丁世飞，史忠植，等 . 图像分割的新理论和新方法［J］. 电子学报，2010，38（2A）：76-82.

[180] Saintey M B，Almond D P. An artificial neural network interpreter for transient thermography image data［J］. NDT & E International，1997，30（5）：291-295.

[181] Maldague X，Largouët Y，Couturier J P. A study of defect depth using neural networks in pulsed phase thermography：Modelling，noise，experiments［J］. Revue Générale de Thermique，1998，37（8）：704-717.

[182] D'Orazio T，Guaragnella C，Leo M，et al. Defect detection in aircraft composites by using a neural approach in the analysis of thermographic images［J］. NDT & E International，2005，38（8）：665-673.

[183] Zhang W，Liu T，Yang Z W. Study of Quantitative Identification of Infrared Thermal Wave Testing Based on BP Neural Networks［C］. SPIE，2010（7680）：76580Z1-5.

[184] 杨正伟，张炜 . 固体火箭发动机粘接结构热波成像检测与定量识别［M］. 北京：国防工业出版社，2015.

[185] 梅林，吴立德，王裕文 . 一种基于遗传算法的红外无损检测缺陷的新方法［J］. 光学学报，2002，22（12）：1452-1456.

[186] 薛书文，祖小涛，洪伟铭 . 红外热成像无损检测中缺陷深度检测新方法［J］. 激光与红外，2005，35（3）：175-176.

[187] 孙延春，孙步胜，马齐爽 . 基于非线性回归分析的飞机隐藏腐蚀的热波检测［J］. 激光与红外，2007，37（7）：649-652.

[188] 寇蔚，孙丰瑞，杨立 . 粒子群优化算法用于缺陷的红外识别研究［J］. 激光与红外，

2006，36（8）：710-714.
[189] 李亚裕．液体推进剂［M］. 北京：中国宇航出版社，2011.
[190] Norman L，Michael F A. Dove. Corrosion chemistry in inhibited HAD［R］. AD-A104772，1982.
[191] 高思秘．液体推进剂［M］. 北京：宇航工业出版社，1989.
[192] 崔常京，陈群志，王逾涯，等．模拟某机场大气环境下 LY12CZ 铝合金腐蚀行为及其当量关系的建立［J］. 腐蚀科学与防护技术，2009，21（3）：291-294.
[193] 毋玲．环境腐蚀及其应力耦合的损伤力学方法与结构性能预测研究［D］. 西安：西北工业大学，2006.
[194] 刘道新．材料的腐蚀与防护［M］. 西安：西北工业大学出版社，2006.
[195] 国家质量技术监督局．金属和合金的腐蚀 应力腐蚀试验 第 4 部分：单轴加载拉伸试样的制备和应用：GB/T 15970. 4—2000［S］. 北京：中国标准出版社，2004.
[196] GJB 8616—2015 金属材料应力腐蚀开裂敏感性快速评价试验方法．
[197] 胡会利，李宁．电化学测量［M］. 北京：国防工业出版社，2007.
[198] 吕胜利，张有宏，吕国志．铝合金结构腐蚀损伤研究与评价［M］. 西安：西北工业大学出版社，2009：44-45.
[199] 张有宏．飞机结构的腐蚀损伤及其对寿命的影响［D］. 西安：西北工业大学，2007.
[200] 张晓云，孙志华，刘明辉，等. 环境对高强度铝合金应力腐蚀行为的影响［J］. 中国腐蚀与防护学报，2007，27（6）：354-358.
[201] Song R G，Dietzel W，Zhang B J，et al. Stress corrosion cracking and hydrogen embrittlement of an Al-Zn-Mg-Cu alloy［J］. Acta Materialia，2004，52（16）：4727-4743.
[202] Wei R P. Material aging and reliability of engineered systems［M］//Kane R D. Environmentally assisted cracking：Predictive methods for risk assessment and evaluation of materials，equipment，and structures. West Conshohocken：ASTM International，2000：3-19.
[203] Turnbull A. Issues in modelling of environment assisted cracking［M］// Kane R D. Environmentally assisted cracking：Predictive methods for risk assessment and evaluation of materials，equipment，and structures. West Conshohocken：ASTM International，2000：23-39.
[204] 杨世铭，陶文铨．传热学［M］. 4 版．北京：高等教育出版社，2006.
[205] Bianchi A M，Fautrelle Y，Etay J. Transferts thermoques［M］. Lausanne：Presses Polytechniques et Universitaires Romandes，2004.
[206] Brandes E A，Brook G B. Smithells metals reference book（7th Edition）［M］. Oxford：Butterworth Heinemann，1998.
[207] 杨正兴，谈新权，尚小冬．基于场景的红外图像非均匀性校正方法综述［J］. 光电子技术，2003，23（2）：135-138.
[208] Zalameda J N，Rajic N，Winfree W P. A comparison of image processing algorithms for thermal nondestructive evaluation［C］. Thermosense XXV，2003：374.
[209] Zhang Y，Zhang K，Wang W，et al. Effect of background subtraction on defect detection in thermographic signal reconstruction coefficient images［J］. Journal of Nodestructive Evaluation，2022，41（2）：1-12.
[210] 田裕鹏．红外检测与诊断技术［M］. 北京：化学工业出版社，2006.
[211] Castleman K R. 数字图像处理［M］. 朱志刚，林学訚，石定机，等译．北京：电子工业出版社，2002.
[212] 勒内・托姆．突变论：思想和应用：当代学术思潮译丛［Z］. 周仲良．上海译文出版社，1989.
[213] 邹建成，赵占军．基于突变理论的图像匹配［J］. 北方工业大学学报，2010，22（1）：

1-7.

[214] Golubitsky M. An introduction to catastrophe theory and its applications [J]. SIAM Review, 1978, 20 (2): 352-387.

[215] Yang K, Wang T X, Ma Z T. Application of cusp catastrophe theory to reliability analysis of slopes in open-pit mines [J]. Mining Science and Technology (China), 2010, 20 (1): 71-75.

[216] 戴涛．聚类分析算法研究 [D]. 北京：清华大学，2005.

[217] 刘晓龙．基于模糊聚类图像分割方法研究 [D]. 合肥：合肥工业大学，2006.

[218] 莫国影，左敦稳，朱笑笑．基于 CCD 图像的表面疲劳裂纹识别与长度计算 [J]. 机械制造与自动化，2008，37 (2)：66-68.

[219] 秦襄培，郑贤中．MATLAB 图像处理宝典 [M]. 北京：电子工业出版社，2011.

[220] Huo Y, Zhao Y J, Zhang C L, et al. Depth measurement using infrared thermography [C]. SPIE, 2009, 7511: 75110N-1-6.

[221] Yang Z W, Zhang W, Tian G, et al. Noise reducing and image processing for debonds quantitative identification by infrared thermography [C]. 2nd International Conference on Computer Engineering and Technolog, 2010.

[222] 郑小平，高金吉，刘梦婷．事故预测理论与方法 [M]. 北京：清华大学出版社，2009.

[223] Liu S M, Zhang G Y. An improved grey model for corrosion prediction of tank bottom [J]. Protection of Metals, 2007, 43 (4): 407-412.

[224] Dounis A I, Tiropanis P, Tseles D, et al. A comparison of grey model and fuzzy predictive model for time series [J]. International Journal of Computational Intelligence, 2005, 2 (3): 176-181.

[225] Pintos S, Queipo N V, Troconis de Rincón O, et al. Artificial neural network modeling of atmospheric corrosion in the MICAT project [J]. Corrosion Science, 2000, 42 (1): 35-52.

[226] 谭晓明，陈跃良，穆志韬，等．基于人工神经网络的铝合金腐蚀预测及其精度分析 [J]. 中国腐蚀与防护学报，2004，24 (4)：218-221.

[227] 刘学庆．海洋环境工程钢材腐蚀行为与预测模型的研究 [D]. 青岛：中国科学院研究生院（海洋研究所），2004.

[228] Liang P, Rao G R, Long X F. Corrosion depth prediction based on non-linearity method [J]. Journal of Chemistry and Chemical Engineerin, 2009, 3 (8): 12-18.

[229] Chen S X, Wang H X, Zhou S G, et al. Stop chasing trends: Discovering high order models in evolving data [C]. IEEE 24th International Conference on Data Engineering, 2008: 923-932.

[230] Paul Zarchan H M. Fundamentals of Kalman filtering: a practical approach [R]. Reston: American Institute of Aeronautics Astronautics, 2005.

[231] Tan C H, Tang J, Sun J M, et al. Social action trackingvia noise tolerant time-varying factor graphs [C]. 16th ACM SIGKDD International Conference on Knowledge Discovery and Data Mining, 2010: 1049-1058.

[232] Bishop C M. Pattern recognition and machine learning [M]. Landon: Springer Science Business Media, 2006: 635-646.

[233] Xiao X P, Deng J L. A new modified GM (1, 1) model: Grey optimization model [J]. Journal of Systems Engineering and Electronics, 2001, 12 (2): 1-5.

[234] 张志明．基于灰色理论的短期电力负荷预测研究 [D]. 长沙：湖南大学，2009.

[235] 黄新杰．带腐蚀缺陷管道剩余寿命预测方法研究 [D]. 成都：西南石油学院，2002.

[236] 何水清，王善．结构可靠性分析与设计 [M]. 北京：国防工业出版社，1993.